# Orchideen

Walter Richter · Jürgen Röth

# Orchideen

mit 204 Zeichnungen von Ernst Halwaß
und 32 Farbfotos

Weltbild

Titelfotos:
*Potinara Caroussel*
'Crimson Triumpf' (links)
*Paphiopedilum*
*hirsutissimum* (Mitte)
*Masdevallia*
*veitchiana* (rechts)

*Phalaenopsis stuartiana*

Genehmigte Lizenzausgabe für Verlagsgruppe Weltbild GmbH,
Steinerne Furt, 86167 Augsburg

Einbandgestaltung: Atelier Lehmacher, Friedberg/Bay.
Gesamtherstellung: Offizin Andersen Nexö Leipzig GmbH – ein Unternehmen der Union Verwaltungsgesellschaft, Spenglerallee 26–30, 04442 Zwenkau
Printed in Germany
ISBN 3-8289-1739-9

2007 2006
Die letzte Jahreszahl gibt die aktuelle Lizenzausgabe an.

# Vorwort

Das vorgelegte Buch erschien unter dem Titel »Orchideen, pflegen, vermehren, züchten« seit 1969 in sieben Auflagen. Herr Dr. h. c. Walter Richter, Crimmitschau/Sachsen, konnte wegen eines schweren Augenleidens die Neuauflage nicht selber herausgeben. Ich wurde gebeten, die Bearbeitung zu einem »Ratgeber für Orchideenkultur« zu übernehmen, ergänzt durch die neuesten Erkenntnisse und modern ausgestattet.

Orchideen besitzen wunderschöne, kostbare, elegante und zarte Blüten in unendlicher Farben- und Formenvielfalt, die uns verzaubern und einen Hauch Exotik verbreiten.

Sie kommen in fast allen Klimabereichen der Erde vor. Deshalb ist es auch möglich, für jeden Pflegeraum vom Fensterbrett bis hin zum Wintergarten oder Kleingewächshaus Gattungen und Arten oder schöne Hybriden bzw. interessante Gattungsbastarde zu finden, die willig wachsen und blühen. Immer wieder zeigt sich die Widerstands- und Anpassungsfähigkeit dieser Gewächse aus fernen tropischen und subtropischen Gebieten.

Anfänger, aber auch Fortgeschrittene der Orchideenpflege finden in diesem Buch Anregungen und Hinweise, detaillierte Anleitungen und nachvollziehbare Ratschläge, um ihre Pflanzen gesund zu erhalten und immer wieder zur Blüte zu bringen.

Die eingefügten Zeichnungen sollen den Text optisch ergänzen, da eine bildliche Darstellung oft einprägsamer ist.

Anhand von Farbbildern werden wichtige Gattungen vorgestellt.

Frau Bärbel Henze-Brzesowski/Leipzig danke ich für Anregungen und Unterstützung in vielfältiger Weise, Herrn Ernst Halwaß/Nossen für die hervorragenden Zeichnungen. Vielen Dank sei dem Neumann Verlag gesagt, der die Herausgabe des Titels in der vorliegenden Form ermöglichte.

Halle/Saale, Herbst 1993 — Jürgen Röth

# Inhalt

# Die Heimat der Orchideen

**Geografische Verbreitung Seite 8**

**Standortbedingungen Seite 13**

**Epiphytische Lebensweise Seite 16**

Die Familie der Orchideen ist eine der umfangreichsten der Pflanzenwelt und fast über die gesamte Erde verbreitet. Nur im ewigen Eis und in Wüsten wachsen keine Orchideen. In manchen Gebieten kommen sie nur vereinzelt vor, in anderen, besonders in den Tropen und Subtropen, sind viele Gattungen und Arten zu finden.

Erdbewohnende oder terrestrische Orchideen der gemäßigten Zonen sind durch das Klima dem strengen Wechsel von Vegetations- und Ruheperiode unterworfen. Bei ihnen sterben die oberirdischen Pflanzenteile nach der Blüte und Samenbildung ab. Sie wachsen nördlich bis zum Polarkreis und sogar noch an klimatisch begünstigten Standorten an der Ostküste Grönlands, in Nordnorwegen und Alaska. Erdorchideen kommen auch am Äquator vor, jedoch in geringerer Anzahl als die baum- und felsenbewohnenden, die Epiphyten und Lithophyten.

In den wärmeren Gebieten der Erde sind epiphytisch wachsende Orchideen vorherrschend. Man findet sie an Stämmen oder auf den Ästen von Bäumen und Sträuchern nahe dem Licht. Es sind keine Schmarotzer, denn sie entziehen der Wirtspflanze weder Wasser noch Nährstoffe. Für die Verbreitung der Epiphyten sind ausreichende Niederschläge und höhere Luftfeuchtigkeit ausschlaggebend. Um Orchideen erfolgreich pflegen zu können, sind Kenntnisse der verschiedenen Umweltbedingungen notwendig. Dazu gehören die geografische Lage, das Klima, die Höhenlage, die Gesamtvegetation und die geologischen Verhältnisse als wichtigste Einflußfaktoren auf Orchideenstandorte.

# Die Heimat der Orchideen

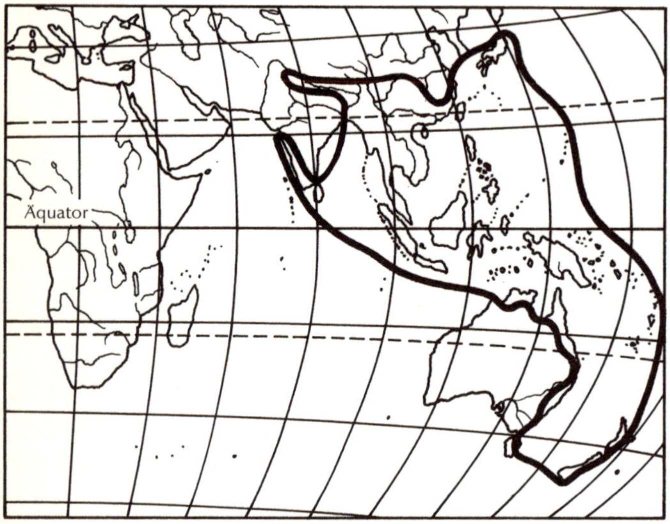


Verbreitungsgebiet der Gattung *Dendrobium* von Indien bis Südjapan, Südostaustralien bzw. Neuseeland

## Geografische Verbreitung

**Grenze der Verbreitung von Orchideen – Höhenlage**

Für Orchideen sind in einem Gürtel von 24 Breitengraden beiderseits des Äquators mit Ausnahme der Wüsten und Halbwüsten besonders günstige Bedingungen vorhanden. Ein wichtiger Faktor ist die Höhenlage. Mit zunehmender Höhe sinken die Temperaturen. In den Anden von Kolumbien bis Peru liegt die obere Verbreitungsgrenze für Orchideen bei etwa 5000 m. Im Himalaja wächst *Cypripedium himalaicum* in Höhenlagen bis 5300 m, *Calanthe herbacea* erreicht in Sikkim ebenfalls 5000 m Höhe. Das ist um so erstaunlicher, da das Himalaja-Massiv viel weiter vom Äquator entfernt ist als die Anden. Auf Papua-Neuguinea, fast direkt am Äquator, kommen u. a. *Dendrobium areocharis* und *Bulbophyllum*-Arten noch bis in Höhenlagen von 3000 m vor.

**Areale**

Die Verbreitungsgebiete der Gattungen sind unterschiedlich groß. Viele kommen nur auf einem Kontinent vor, selten erstreckt sich ihr Areal über zwei, drei oder gar vier Kontinente. Ähnlich ist es bei den Arten. Ein Teil wächst in weiten Gebieten, während bei anderen das Areal eng begrenzt ist. Orchideen können dichte Bestände bilden, oft findet man sie jedoch nur vereinzelt vor.

**Einteilung in vier Zonen**

Zwischen den Polen und dem Äquator kann man vier Zonen unterscheiden:

**Polarzone**

- Die Polar- oder kalte Zone ist kaum beachtenswert. Lediglich an klima-

# Geografische Verbreitung

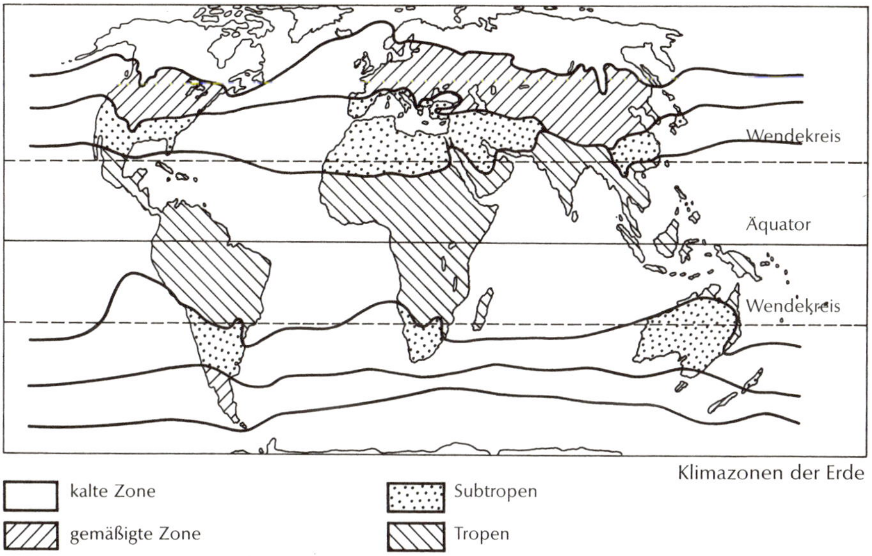

Klimazonen der Erde

tisch und edaphisch (vom Boden abhängig) begünstigten Standorten kommen terrestrisch wachsende Orchideen vor.

**Gemäßigte Zone**

- Die gemäßigte Zone der Nord- und Südhalbkugel zwischen Wendekreis und Polarkreis ist durch deutlich ausgeprägte Temperaturdifferenzen der Jahreszeiten bei unterschiedlichen Tages- und Nachtlängen geprägt. Etwa 5 % der Orchideenarten sind in diesem Gebiet heimisch.

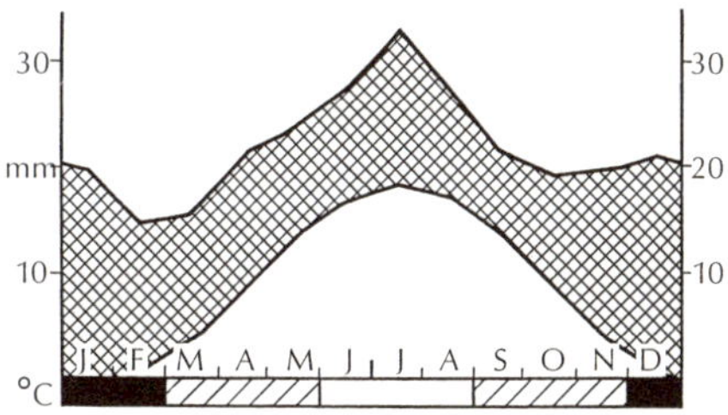

Klimadiagramm Gemäßigte Zone, z. B. Berlin.
Jahresmittel: Niederschlag 527 mm
Temperatur 8,8°C

**Subtropen**

- Zwischen der gemäßigten und der warmen oder tropischen Zone liegende Gebiete auf beiden Erdhalbkugeln werden als Subtropen bezeichnet. Gegenüber den Tropen haben Vertreter dieser Region eine längere Ruhezeit, weniger Anpas-

# Heimat der Orchideen

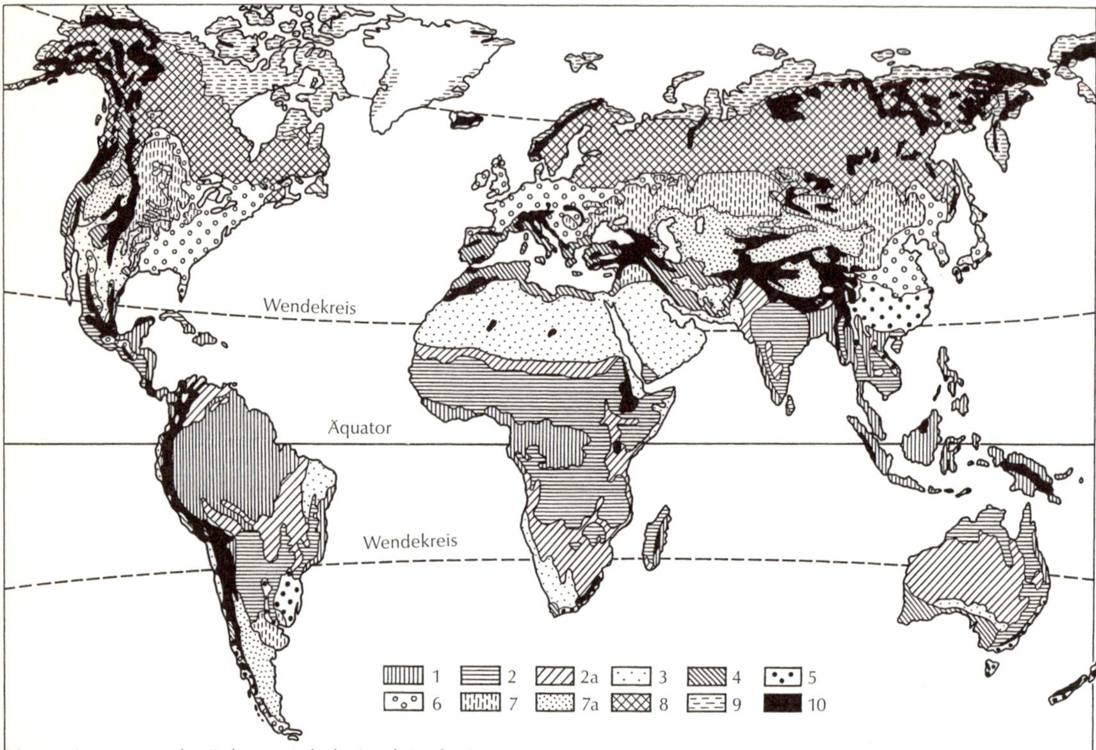


Vegetationszonen der Erde vereinfacht (nach Walter)

1 Immergrüne tropische Regenwälder der Niederungen und Gebirgshänge (Nebelwälder)
2 Halbimmergrüne und regenarme Wälder sowie Tropengehölze
2a Trockene Gehölze, natürliche Savannen und Dorngebüsche, z. T. Grasland der Tropen und Subtropen
3 Tropische und subtropische Halbwüsten und Wüsten polwärts bis zum 30. (35.) Grad n./s. Breite
4 Übergangsgebiet der Hartlaubvegetation mit Winterregen einschließlich arider (Verdunstung größer als der Niederschlag) Winterregengebiete
5 Immergrüne Laubwälder der warmtemperierten Zone oder der dauernd feuchten, kühlen Zonen
6 Sommergrüne Laubwälder der warmtemperierten Zone mit Winterruhezeit
7 Grasland der gemäßigten Zone (Steppe, Prärie, Pampa)
7a Halbwüsten und Wüsten mit kalten Wintern polwärts vom 30. (35.) Grad n./s. Breite
8 Boreale (nördliches Eurasien und nördliches Nordamerika) Nadelwaldzone
9 Arktische Tundrazone
10 Gebirge mit verschiedenen Vegetationsstufen bis in die alpine und nivale (Schneeregion) Stufe

sungsschwierigkeiten in Kultur, oft einen hohen Lichtbedarf und die Fähigkeit, kurzzeitig niedrige Temperaturen, gelegentlich bis fast 0°C, ohne Schaden zu vertragen.

- Die warme oder tropische Zone liegt etwa zwischen den Wendekreisen. Sie ist von einem hohen Sonnenstand, minimalen oder keinen Unterschieden in den Tageslängen sowie relativ geringen Temperaturunterschieden zwischen den Jah-

# Geografische Verbreitung

reszeiten geprägt. Hier kommen zwischen Meereshöhe und 2000 m 90 % aller Orchideen vor. Die größte Artenfülle ist jedoch in Höhenlagen zwischen 500 bis 1700 m zu finden. In noch höher gelegenen Gebieten bis 5000 m kommen noch etwa 5 % hinzu.

Die tropische Zone gliedert sich in:

- immerfeuchte Gebiete mit gleichmäßiger Temperatur und Luftfeuchtigkeit während des gesamten Jahres und wenig Unterschied zwischen Tag und Nacht - Orchideen wachsen fast ohne Unterbrechung;
- periodisch feuchte Gebiete mit mehr oder weniger langen Trockenzeiten und Temperaturunterschieden sowie mit verstärktem Lichteinfall während der Trockenzeit durch laubabwerfende Großvegetation - Orchideen machen eine Ruhezeit durch.

Im tropisch – subtropischen Hauptverbreitungsgebiet findet man folgende Vegetationszonen:

Tropischer immergrüner Regenwald kommt etwa von 10° nördlich bis 10° südlich des Äquators vor. Die jährliche Niederschlagsmenge kann bis 4000 mm und mehr betragen. Es herrschen weitgehend gleichbleibende Temperaturen von 24 bis 30°C, die nie unter 18°C absinken. Da die Bäume ihre Blätter nicht auf einmal abwerfen, wachsen die Epiphyten meist im äußeren Bereich ihrer Kronen oder im

Verbreitung wichtiger Orchideengattungen auf den Erdteilen

| Süd- und Mittelamerika | Afrika, Madagaskar | Südostasien | Australien Neuseeland |
|---|---|---|---|
| *Cattleya* | *Aerangis* | *Coelogyne* | *Mobilabium* |
| *Epidendrum* | *Angraecum* | *Paphiopedilum* | *Plectorrhiza* |
| *Laelia* | *Ansellia* | *Renanthera* | *Rhinerrhiza* |
| *Lycaste* | *Cynorchis* | *Cymbidium* | *Cymbidium* |
| *Maxillaria* | *Cyrtorchis* | *Dendrobium* | *Dendrobium* |
| *Miltonia* | *Diaphananthe* | *Phalaenopsis* | *Phalaenopsis* |
| *Odontoglossum* | *Disa* | *Vanda* | *Vanda* |
| *Oncidium* | *Calanthe* | *Calanthe* | *Calanthe* |
| *Zygopetalon* | *Phaius* | *Phaius* | *Phaius* |
| *Polystachya* | *Polystachya* | *Polystachya* | *Prasophyllum* |
| *Bulbophyllum* | *Bulbophyllum* | *Bulbophyllum* | *Bulbophyllum* |

**Immerfeuchte tropische Zone**

**Periodisch feuchte Zone**

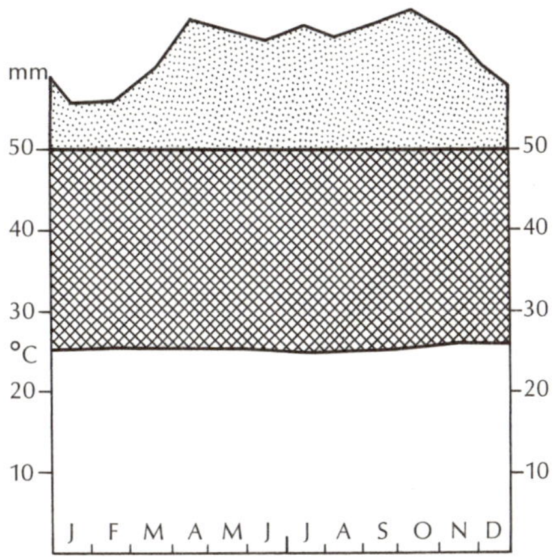


**Tropischer immergrüner Regenwald**

**Vorkommen:**
- **viele Epiphyten**
- **wenige terrestrische Orchideen**

Klimadiagramm Tropischer Immergrüner Regenwald, z. B. Bogor/Indonesien.
Jahresmittel: Niederschlag 4117 mm
Temperatur 25,0 °C

# Heimat der Orchideen

Schatten. In den Regenwäldern subtropischer Gebiete ist die Temperatur etwas geringer, es gibt jahreszeitlich und nachts stärkere Absenkungen.

**Bergregenwälder**

Mit zunehmender Höhe wird es im Gebirge kühler. Die mittlere Jahrestemperatur liegt in den Bergregenwäldern in etwa 1500 m Höhe um 20°C. Niederschläge fallen bis zu 3500 mm.

**Nebelwälder**

In Höhenlagen über 2500 m, bei durchschnittlichen Jahrestemperaturen von 16°C treten sogenannte Nebelwälder mit reicher Vegetation auf. Hier findet man Flechten, Moose, Farne, Begonien u. a., aber auch eine sehr große Anzahl epiphytischer Orchideen, oft ohne Pseudobulben.

**Tropische Monsunwälder**

In den tropischen Monsunwäldern regnet es drei bis fünf Monate im Jahr nicht. In dieser Zeit werfen die meisten Bäume ihr Laub ab. Die Epiphyten erhalten dann viel Licht. Deshalb haben die hier wachsenden Orchideen häufig derbe Blätter. Der Jahresniederschlag liegt zwischen 1000 und 2500 mm.

**Tropische laubabwerfende Trockenwälder**

In den tropischen laubabwerfenden Trockenwäldern fallen in der Regel nur etwa 700 bis 1300 mm Niederschlag im Jahr. Es gibt mindestens vier bis sieben trockene Monate. Hier findet man lichte Baumbestände, die Epiphyten sind oft ungeschützt der tropischen Sonne ausgesetzt und haben deshalb meist ledrige bis fleischige Blätter.

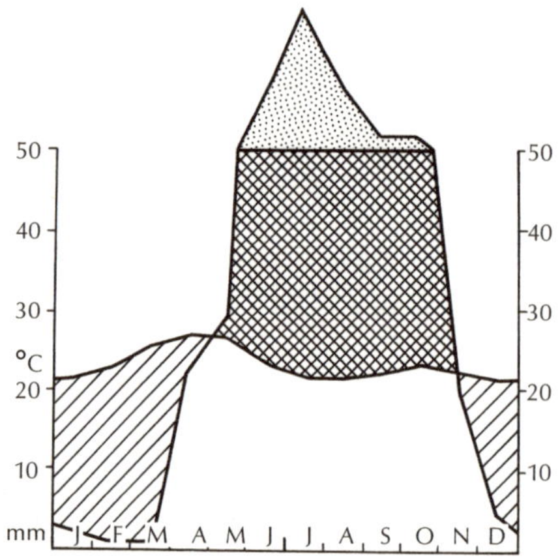


Klimadiagramm Halbimmergrüner Monsunwald, z. B. Belgaum/Südindien.
Jahresmittel: Niederschlag 1293 mm
Temperatur 23,2 °C

**Savannen**

Savannen gibt es in den feuchten und trockenen Tropen. Es sind vorwiegend Grasfluren, oft mit Gehölzen bzw. Dornensträuchern durchsetzt, in denen die Taubildung sehr stark ist. Die Trokkenperiode kann drei bis zehn Monate dauern. In Tälern, Schluchten, an Gewässern und in feuchten Senken wachsen laubabwerfende, auch immergrüne Gehölze, teilweise mit reicher Epiphytenvegetation.

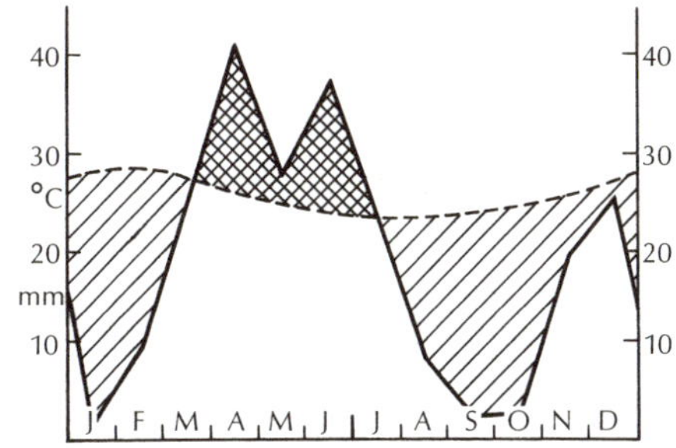


Klimadiagramm Dornstrauchsteppe, z. B. Catinga/Nordostbrasilien.
Jahresmittel: Niederschlag ca. 600 mm
Temperatur ca. 26,5 °C

## Standortbedingungen

**Die Standortbedingungen sind überaus vielfältig**

Durch die fast weltweite Verbreitung von Orchideen sind die Standortverhältnisse vielfältig. Man kann sie insgesamt nicht darstellen. Deshalb sollen nur einige Beispiele aufgezählt werden. Erdbewohnende Orchideen sind wie Epiphyten von Umfang und Dichte der Gesamtvegetation abhängig. In subtropischen und tropischen Gebieten wachsen am schattigen Waldboden nur wenige terrestrische Arten. Ihre Zahl nimmt im lichten Baumbestand bis hin zur Savanne zu. *Paphiopedilum* wachsen vorwiegend terrestrisch, einige Arten auch epiphytisch auf moosbewachsenen Bäumen.

**Orchideen sind von der Gesamtvegetation abhängig**

**Terrestrische Arten bevorzugen lichte Stellen**

Fast auf Sandboden gedeihen manche Orchideen in Südafrika und Australien. Die neuweltliche Gattung *Sobralia* wächst in periodisch trockenen Sümpfen oder auf zeitweise mit Wasser überrieselten Felsen. *Cattleya, Coelogyne cristata, Dendrobium speciosum* und viele andere kommen vorwiegend epiphytisch auf Bäumen vor, siedeln sich aber auch an steilen Felsen und teilweise auf dem Erdboden an.

**Sandboden bzw. periodisch trockene Standorte – wenige Arten**

**Die meisten Arten wachsen epiphytisch**

# Heimat der Orchideen

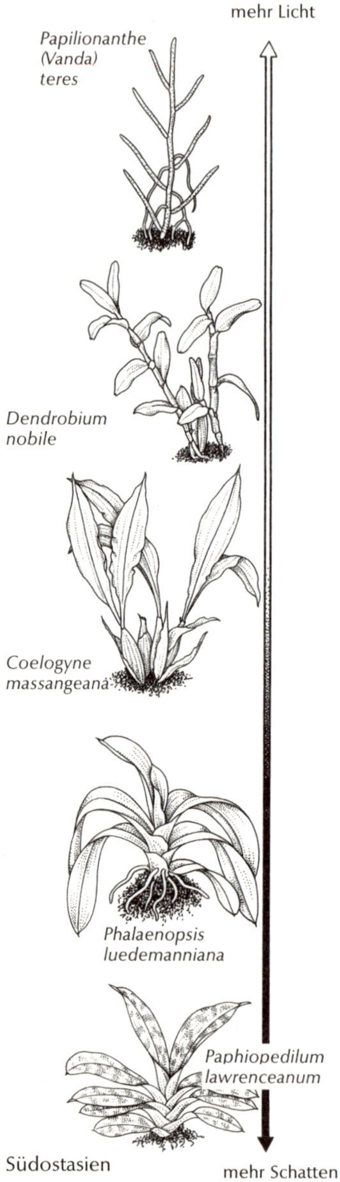


**Sonnige Standorte**

**Schattig, hohe Luftfeuchte – einige Arten**

*Bifrenaria harrisoniae* wächst auf sonnigen Felsen. Auch *Papilionanthe (Vanda) teres* kommt in voller Sonne vor, und selbst viele *Vanda*-Arten müssen nach dem Laubfall der Bäume viel Sonne vertragen. *Catasetum*-Arten machen eine strenge Ruheperiode durch und werfen als Verdunstungsschutz während dieser Zeit alle Blätter ab. Viele *Pleurothallis, Lepanthes, Dichaea* lieben fast ständig Schatten und hohe Luftfeuchtigkeit, andere brauchen starke nächtliche Temperaturabsenkungen.

**Die Umwelt beeinflußt die Pflanzengestalt**

Blätter und Pseudobulben sind den jeweiligen Bedingungen angepaßt. Folgende Merkmale sind wesentlich, doch bestehen unendlich viele Übergangsformen:

**Terrestrisch lebende Arten**

- Terrestrisch lebende Arten
  *Merkmale:* keine Bildung von Pseudobulben, sondern unterirdischer Wurzelstock, Rhizome oder Knollen
  *Ansprüche:* nur geringe Sonneneinstrahlung vertragend, gleichmäßige Feuchtigkeit, keine Ruhezeit; bei Rhizom- bzw. Knollenpflanzen unterschiedliche Lichtansprüche und ausgeprägte Ruhezeit

**Epiphytisch lebende Arten**

**Keine Pseudobulben – Schatten**

- Epiphytisch lebende Arten
  *Merkmale:* keine Bildung von Pseudobulben, Blätter großflächig, weich, fleischig oder krautig
  *Ansprüche:* keine direkte Sonne vertragend, viel Schatten, gleichmäßige Feuchtigkeit; kaum eine oder nur kurze Ruhezeit

# Standortbedingungen

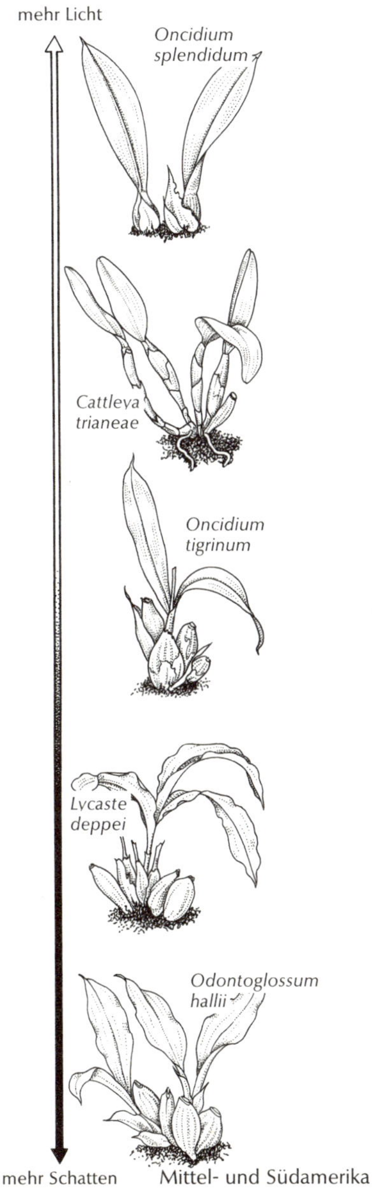


**Weiche Blätter – lichter Schatten**

*Merkmale:* Pseudobulben gestaucht oder verlängert, Blätter krautig, auch fleischig
*Ansprüche:* lichter Schatten, nach Ausreifen der Pseudobulben mehr Licht, während des Wachstums viel Wasser; nach der Ruhezeit mäßig feucht

**Derbe, fleischige Blätter – deutliche Ruhezeit**

*Merkmale:* Pseudobulben gestaucht oder verlängert, auch ohne Pseudobulben, Blätter lederig oder derb und schwach sukkulent
*Ansprüche:* lichter Schatten, mit beginnendem Ausreifen der Pseudobulben oder des Triebes viel Licht, während des Wachstums reichlich, in der Ruhezeit wenig Wasser; Ruhezeit ausgeprägt, doch dürfen Pseudobulben und Blätter nicht schrumpfen

**Harte, stielrunde Blätter – sonnig**

*Merkmale:* keine oder reduzierte Pseudobulben, Blätter stielrund oder hart und dickfleischig
*Ansprüche:* viel Licht, fast volle Sonne, während des Wachstums viel Feuchtigkeit; ausgeprägte Ruhezeit bei nicht zu geringer Luftfeuchte

**Jährliches Abwerfen der Blätter – ausgeprägte Ruheperiode**

*Merkmale:* Pseudobulben gestaucht, Blätter meist dünn und derb
*Ansprüche:* lichter Schatten, reichlich Wasser während des Wachstums; ausgeprägte Ruheperiode (Absterben von Blättern und meist auch Wurzeln)

# Heimat der Orchideen

**Verschiedene »Wohnorte« der Epiphyten**

▷ ***Cattleya skinneri* in Costa Rica epiphytisch auf Bäumen wachsend**

## Epiphytische Lebensweise

Die epiphytische Lebensweise ist eine Eigenschaft vieler tropisch-subtropischer Orchideen. Vielschichtig sind die Beziehungen zu ihren Trägerpflanzen. Orchideen wachsen als sogenannte Humusepiphyten in Moos- oder Humusansammlungen auf Ästen oder Zweigen von Bäumen, andere verankern sich mit ihren Wurzeln direkt auf der Rinde bzw. Borke. Diese bezeichnet man als Rindenepiphyten. Es gibt Übergänge von der epiphytischen zur lithophytischen und zur terrestrischen Lebensweise, bedingt durch die Umweltverhältnisse.

Fragen ergeben sich, warum Orchideen auf bestimmten Gehölzarten besser als auf anderen wachsen? Einige Gehölze wie *Eucalyptus* oder *Quercus magnoliaefolia,* eine tropische Eiche, werden fast nie von Orchideen besiedelt. Mögliche Ursachen sind Ausscheidungen der Rinde oder Abschilfern der Borke. Ausscheidungen können möglicherweise auch das Leben der für die Keimung von Orchideensamen notwendigen Pilze beeinträchtigen. Ebenso können andere Epiphyten, zu dichte Belaubung und unzählige weitere Faktoren eine Besiedelung der Trägerbäume mit Orchideen verhindern.

# Botanisches über Orchideen

Für eine erfolgreiche Orchideenpflege sind Kenntnisse über die wichtigsten botanischen Grundbegriffe Voraussetzung. Die Familie der Orchideen umfaßt etwa 20 000 Arten, nach anderen Auffassungen bis 30 000. Durch Entdeckung neuer Arten vergrößert sich die Zahl ständig. Im Pflanzensystem nehmen Orchideen – hier am Beispiel *Cattleya amethystoglossa* erläutert – folgende Stellung ein:

| | |
|---|---|
| Abteilung: | *Spermatophyta* – Samenpflanzen |
| Unterabteilung: | *Angiospermae* – Bedecktsamer |
| Klasse: | *Monocotyledoneae* – Einkeimblättrige |
| Unterklasse: | *Liliidae* – Lilienverwandte |
| Überordnung: | *Lilianae* – Lilienähnliche |
| Ordnung: | *Orchidales* – Orchideenartige |
| Familie: | *Orchidaceae* – Orchideen |
| Gattung: | *Cattleya* – Kapuzenorchidee |
| Art: | *amethystoglossa* – mit amethystfarbiger Lippe |

Die Art wird untergliedert in Unterart (subspecies, ssp.), Varietät (varietas, var.) und Form (forma, f.). Ihr Name besteht aus dem Gattungsnamen – *Cattleya* – und dem mit kleinem Anfangsbuchstaben geschriebenen Artnamen – *amethystoglossa* –.
Zur vollständigen Bezeichnung, besonders aber in der wissenschaftlichen Literatur, folgt dem Artnamen der Name des Autors, meist als Kurzbezeichnung – Rchb. f. = Reichenbach filius, der diese Pflanze erstmalig beschrieb. Oft steht er in Klammern. Der zweite Name nennt den Autor, der die Art zu einer anderen Gattung stellte.

**Wurzeln Seite 20**

**Sproß Seite 22**

**Blätter Seite 23**

**Blüte Seite 23**

**Blütenstand Seite 26**

**Früchte und Samen Seite 26**

**◁ *Cattleya* Irene Finney ist wüchsig und reichblühend mit leuchtend rot gefärbten Blüten**

# Botanisches über Orchideen

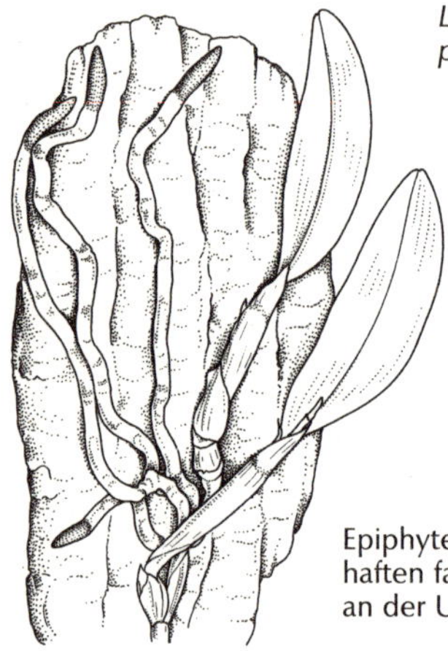


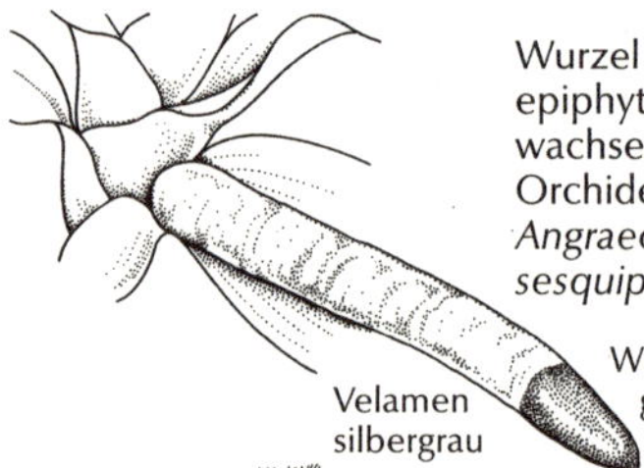


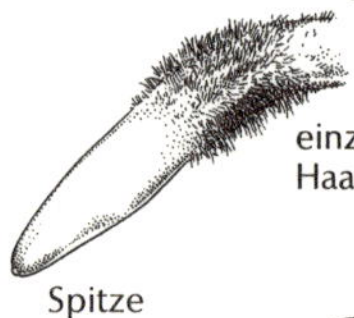


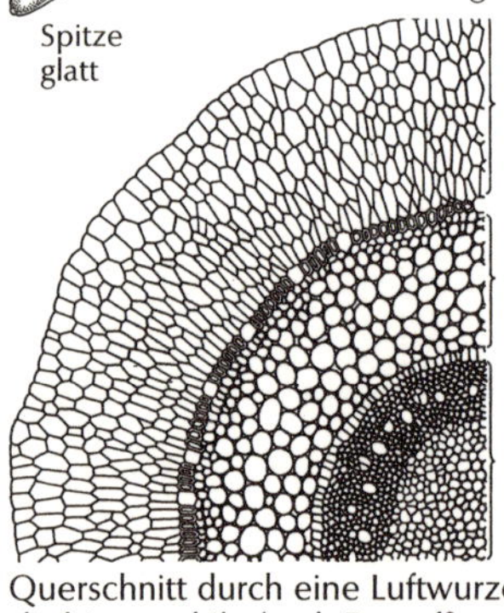


Querschnitt durch eine Luftwurzel von *Dendrobium nobile* (nach Burgeff) vergrößert

## Wurzeln

**Funktion der Wurzeln**

Orchideenwurzeln haben zwei wichtige Funktionen. Einmal dienen sie zur Aufnahme von Wasser und Nährstoffen, zum anderen als Haftorgane. Sie müssen bei epiphytischer Lebensweise die Pflanzen fest auf der Unterlage verankern. Epiphytisch wachsende Orchideen haben deshalb meist ein umfangreiches Wurzelsystem.

**Velamen – dient der kapillaren Wasseraufnahme**

Orchideenwurzeln sind in der Regel mit einem lockeren schwammigen Gewebe, dem Velamen umgeben. Es besitzt eine hohe Saugfähigkeit und ist im trockenen Zustand silberig. Nach Aufnahme von Feuchtigkeit färbt es sich hell- bis dunkelgraugrün.

**Wurzeln terrestrisch wachsender Orchideen**

Terrestrisch wachsende Arten haben meist wenige, aber ziemlich dicke, unverzweigte Wurzeln. Wie die Epiphyten bilden sie ein Velamen aus. Weil es nicht benötigt wird, stirbt es bald ab. Die Wurzeln befinden sich im Gegensatz zu den Epiphyten stets im Substrat.

**einzellige Wurzelhaare**

Sie sind unterschiedlich dicht mit einzelligen Wurzelhaaren besetzt, die Wurzelspitze ist glatt.

**Orchideen gemäßigter Klimate haben unterirdische Speicherorgane**

Orchideen der gemäßigten Klimate, z.B. einheimische Arten, unterliegen dem jahreszeitlichen Rhythmus. Die oberirdischen Organe sterben frühzeitig oder erst nach der Samenreife ab.

**Winterruhe**

Ihre rundlichen, elliptischen oder auch handförmig geteilten Knollen bzw. die kriechenden Rhizome überdauern im Boden den Winter.

**Sommerruhe**

Einige machen auch eine Sommerruhe durch, z. B. Arten im heißen, trokkenen Mittelmeerklima. Bei günstigen Wachstumsbedingungen treiben sie schon im Herbst wieder aus.

**Luftwurzeln**

Epiphyten entwickeln in der Regel viele, anfangs glatte und meist runde, unterschiedlich dicke Luftwurzeln. Auch bandförmig abgeflachte wie bei *Phalaenopsis* sind möglich. Die Wurzelspitzen haben eine meist grüne, gelbliche oder rötliche Farbe, enthalten also Chlorophyll und können assimilieren.

**Wurzelfunktion bei blattlosen Orchideen**

Bei blattlosen Arten müssen die Wurzeln zusätzlich die Assimilation übernehmen.

Wurzeln als Haftorgane können die Pflanze an einer Unterlage gut verankern, aber auch wie frei hängende Luftwurzeln Feuchtigkeit und Nährstoffe aufnehmen. Bei Luftwurzeln ist das Velamen besonders stark ausgeprägt. Es soll die eigentliche Wurzel auch vor stark austrocknenden Sonnenstrahlen schützen.

**Beschädigung der Wurzelspitze**

Die Beschaffenheit der Wurzeln ist für die Wuchs- und Blühleistung der Orchideen von entscheidender Bedeutung. Junge Wurzeln brechen leicht, während ältere fest, aber trotzdem elastisch sind. Die Wurzelspitze wächst bei mechanischer Beschädigung nicht weiter. Oft bilden sich an dieser Stelle Nebenwurzeln. Ablagerungen von Salzen aus hartem Wasser können ebenfalls zur Funktionsunfähigkeit führen.

Terrestrisch wachsende Orchideen überdauern die Ruheperiode (Winter) mit Rhizomen oder Knollen

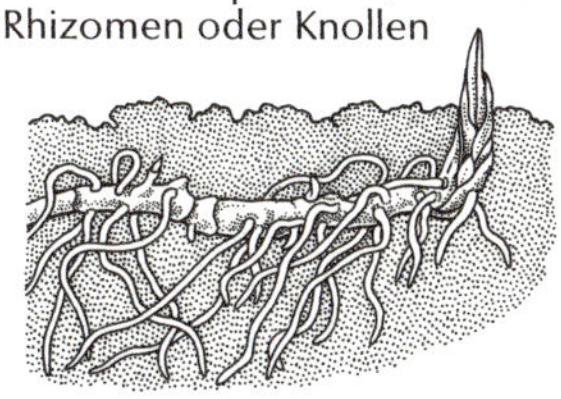

Rhizom

*Cypripedium* (Venus-, Frauenschuh)

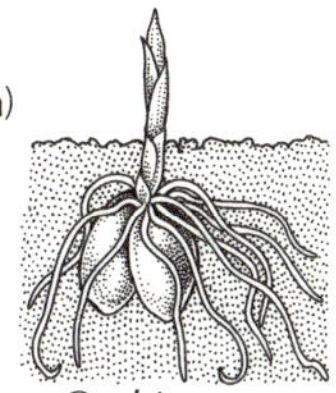

Knollen

*Orchis* (Knabenkraut)

*Oncidium sphacelatum*

Epiphyten bilden oft viele runde, frei herabhängende Luftwurzeln

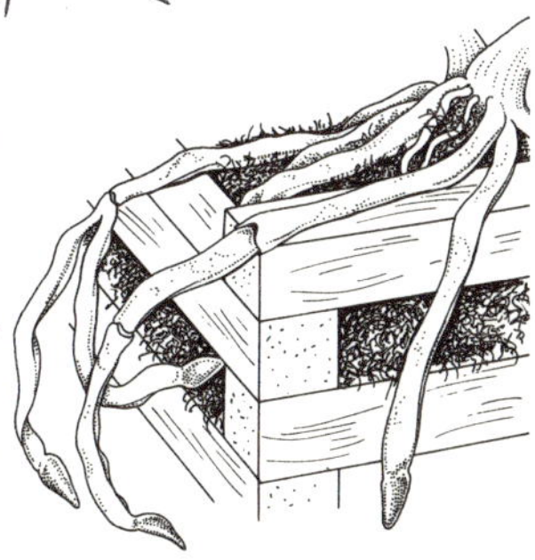

*Phalaenopsis schilleriana*

Einige Orchideen entwickeln bandförmige abgeflachte Wurzeln

# Botanisches über Orchideen

**Zwei Wuchsformen**

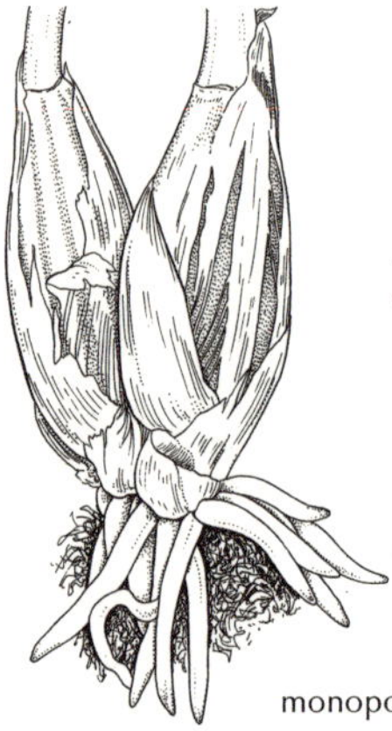


**Monopodial – Verlängerung der Vegetationsspitze z. B. *Vanda, Phalaenopsis***

monopodialer Wuchs

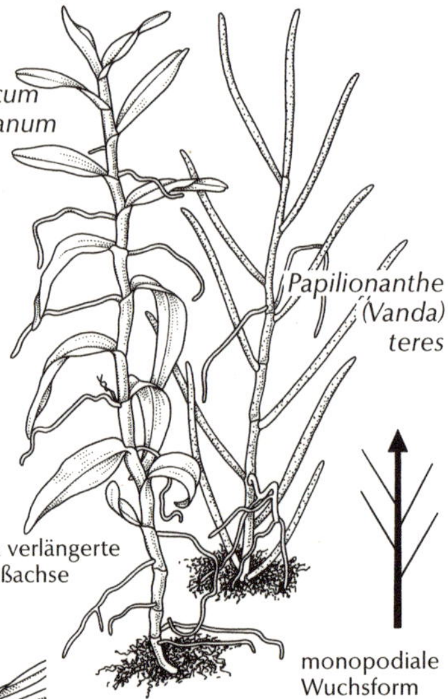


**Sympodial – nach Wachstumsperiode erneute Triebbildung an Basis der Pseudobulbe z. B. *Cattleya***

## Sproß

Der Sproß besteht aus Sproßachse und Blättern. Man unterscheidet zwischen monopodialer und sympodialer Wuchsform.

*Monopodialer Wuchs*

Der Sproß wächst in Verlängerung seiner Achse (Monopodium) meist aufrecht, aber auch waagerecht oder hängend. Er hat ein unbegrenztes Spitzenwachstum und bildet Wurzeln und Blätter. Es können sich Seitentriebe entwickeln – die Pflanze verzweigt sich. Die Blütenstände entwickeln sich seitlich aus den Blattachseln.

*Sympodialer Wuchs*

Das Wachstum des häufig mit Niederblättern besetzten rhizomartigen Sprosses ist in der Regel nach der Vegetationsperiode beendet. An seiner Spitze bildet sich eine meist nach oben wachsende Pseudobulbe oder Sproßknolle in unterschiedlicher Form. Die eigentliche Sproßachse wird also zu einer Pseudobulbe. An deren Basis entsteht nach der Ruhezeit aus einer Knospe – auch aus mehreren – ein neuer Trieb, d. h. eine neue Sproßachse (Sympodiale Verzweigung). Der Vorgang wird ständig wiederholt, man spricht deshalb von einem zeitlich begrenztem Spitzenwachstum.

An der eingliedrigen (heteroplasten) Pseudobulbe stehen endständig (terminal) meist ein bis drei Laubblätter. Sie stehen bei mehrgliedrigen (homoplasten) seitenständig und umhüllen mit einem hautartigen Unterblatt die Sproßknolle. An der Basis der Pseudobulben bilden sich bei verschiedenen Gattungen wie *Oncidium* oder *Odontoglossum* laubblattartige Niederblätter.

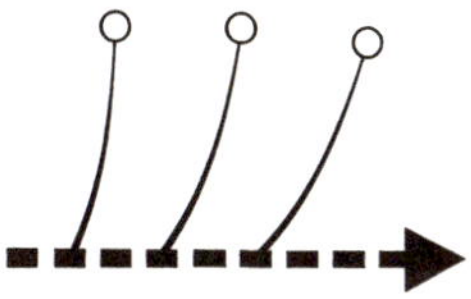


**Pseudobulbe eingliedrig, Pseudobulbe mehrgliedrig**

**Niederblätter**

## Blätter

Die Blätter assimilieren und atmen. Der Gasaustausch erfolgt durch Spaltöffnungen auf der Blattunterseite. Die Laubblätter sind vielgestaltig mit allen Übergängen von borstenförmig bis elliptisch oder rundlich, sogar stielrund. Ihre Form ist von den Umweltbedingungen am heimatlichen Standort abhängig.
Die Niederblätter schützen die Pseudobulben vor zu großer Wasserverdunstung während der Ruheperiode. Diese Funktion übernimmt teilweise auch das Unterblatt bei gegliederten Blättern z. B. bei *Dendrobium phalaenopsis*.

*Coelogyne*

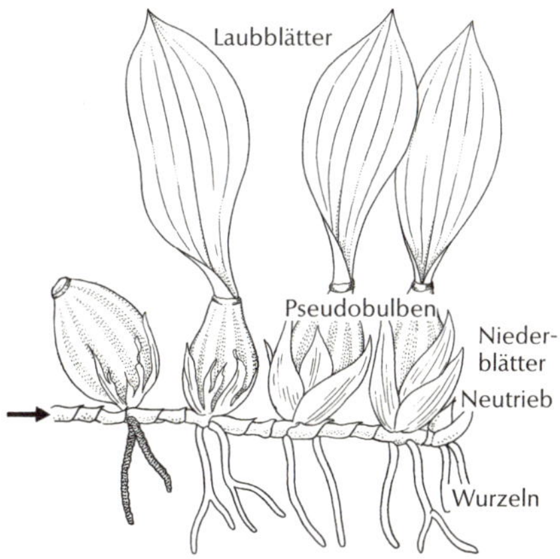


verlängerte kriechende Sproßachse – Sympodialer Wuchs

**Funktionen der Blätter**
- **Assimilation = Bildung von Stärke aus Kohlendioxid und Wasser mit Hilfe von Licht und Chlorophyll**
- **Atmung**
- **auch Nährstoffaufnahme**

**Niederblätter**

## Blüte

Der Aufbau der Orchideenblüten ähnelt dem vieler anderer einkeimblättriger Pflanzen. Als Beispiel dient die Tulpe. Durch deren Blüte kann man drei Achsen legen und bekommt somit sechs gleiche Teile. Bei Orchideen ist es nur eine Achse mit zwei spiegelgleichen Hälften. Die Tulpenblüte besteht aus einheitlichen Hüllblättern, den Pe-

Symmetrieachsen der Blüten

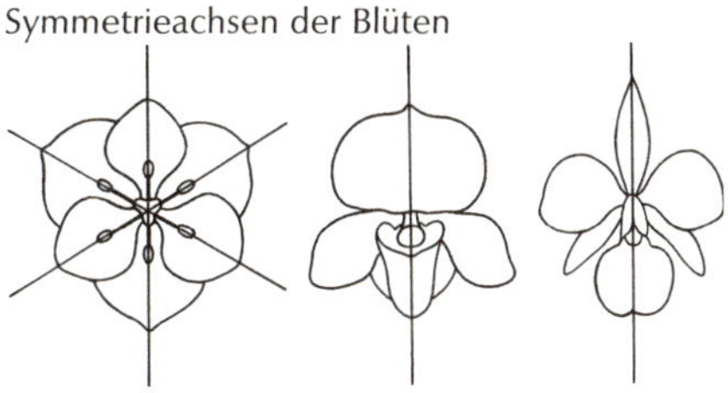

6 gleiche Teile (Tulpe) 2 spiegelgleiche Teile (Orchidee)

**Blütenaufbau am Beispiel der Tulpe (*Liliaceae*)**

# Botanisches über Orchideen

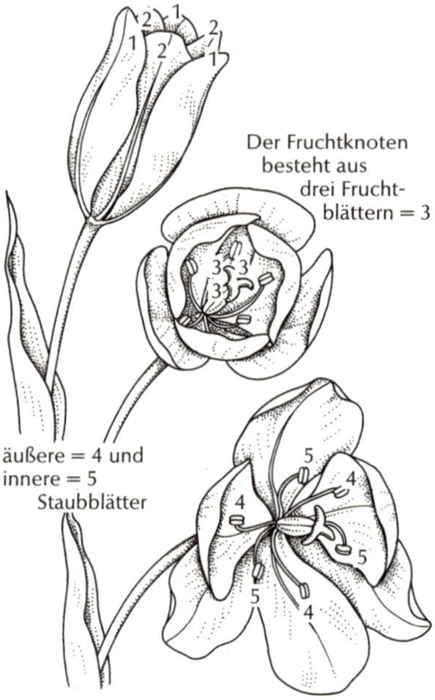


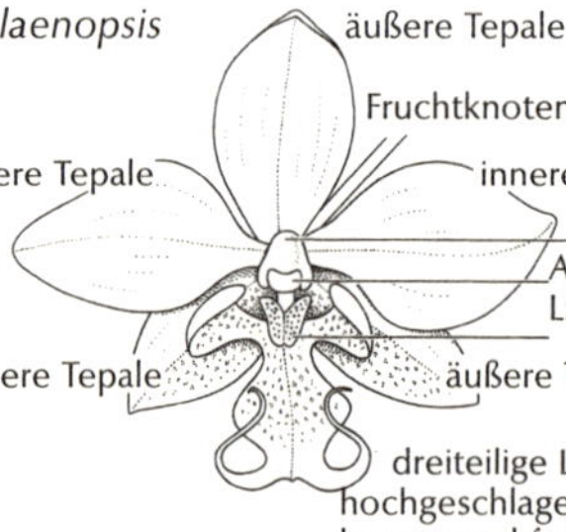


Aufbau einer monandrischen Blüte mit einem fruchtbaren Staubblatt.

rigonblättern oder Tepalen, und besitzt keine Kelchblätter. Jeweils in zwei Kreisen angeordnet sind drei äußere und drei innere Blütenblätter, drei äußere und drei innere Staubblätter und drei Fruchtblätter.

**monandrische Orchideen haben ein fruchtbares Staubblatt z. B. *Cattleya, Phalaenopsis***

Bei monandrischen Orchideen unterscheiden sich die drei äußeren Hüllblätter oder äußeren Tepalen (oft noch als Sepalen bezeichnet) meist in der Form, teilweise auch in der Farbe von den inneren Tepalen (auch als Petalen bezeichnet). Von diesen sind die zwei seitlichen einander gleich.

**Lippe**

Typisch für die Familie der Orchideen ist das dritte innere Blütenblatt. Es weicht fast immer in Größe, Gestalt und Färbung von den beiden anderen inneren Blütenblättern ab und wird Lippe (Labellum) genannt.

**Gliederung der Lippe**

Sie ist einfach, bildet unterschiedlich große Seitenlappen aus oder gliedert sich in einen hinteren Teil, ein Mittelstück und in ein Vorderteil.

**Kallus, Schwiele**

Auf der Lippe befindet sich ein fleischiges Gebilde, das in Leisten, Kämmchen oder Haare aufgegliedert ist, den bestäubenden Insekten oft als Futter dient und als Kallus oder Schwiele bezeichnet wird.

**Staubblätter**

Von den in zwei Kreisen angeordneten sechs Staubblättern sind fünf meist völlig verkümmert oder nicht ausgebildet. Nur ein Staubblatt des äußeren Kreises ist voll entwickelt und trägt Blütenstaub, zu Paketen verklebt.

**Pollinien**

Die Pollenpakete (Pollinien) sind in einer Pollenkappe (Staubbeutel), haben

**Pollinarium**

einen klebrigen Fortsatz (Caudicula) oder stehen auf einem Stielchen mit Klebscheibe, die auf dem bestäubenden Insekt gut haftet. Das Gebilde wird als Pollinarium bezeichnet. Mit den Griffeln ist das fruchtbare (fertile) Staubblatt zur sogenannten Säule (Columna oder Gynostemium) verwachsen.

**Säule**

Meist wird das Staubblatt durch einen sterilen Teil des mittleren Narbenlappens (Rostellum) von der darunterliegenden Narbe getrennt. Die Säule variiert in Gestalt, Farbe und Größe.

**Sporne**

Orchideenblüten haben teilweise Sporne. Sie können von den beiden äußeren seitlichen Blütenblättern oder von der Lippe gebildet werden und sind unterschiedlich lang.

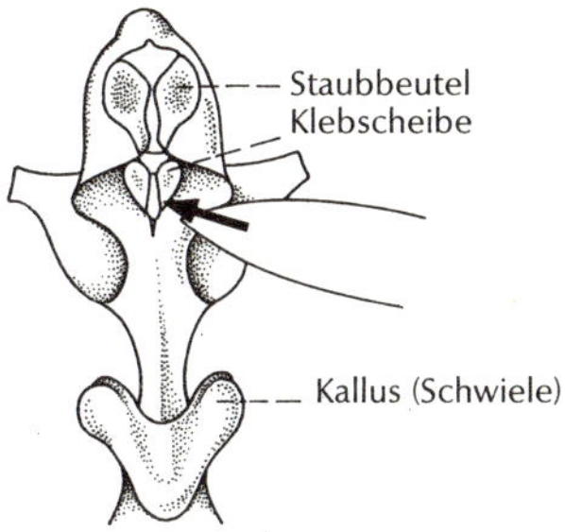


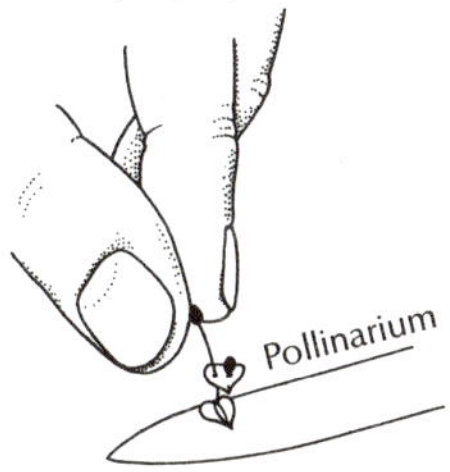


**Diandrische Orchideen haben zwei fruchtbare Staubblätter z. B. *Paphiopedilum***

Bei *Paphiopedilum* und verwandten Gattungen weisen die Blüten einen anderen Bau auf. Die beiden seitlichen äußeren Blütenblätter sind zu einem einzigen Blatt, dem Syntepalum verwachsen und stehen unter bzw. hinter der Lippe, hier Schuh genannt. Das obere äußere Blütenblatt, auch als Fahne bezeichnet, bestimmt oft durch Größe und Farbe den Eindruck der Blüte. Die beiden seitlichen inneren Blütenblätter stehen mehr oder weniger waagerecht ab. Das dritte innere Blütenblatt – die Lippe – ist bei dieser Gattung und ihren Verwandten einem Schuh ähnlich. Deshalb der Name Venus- oder Frauenschuh.

**Lippe**

*Paphiopedilum*

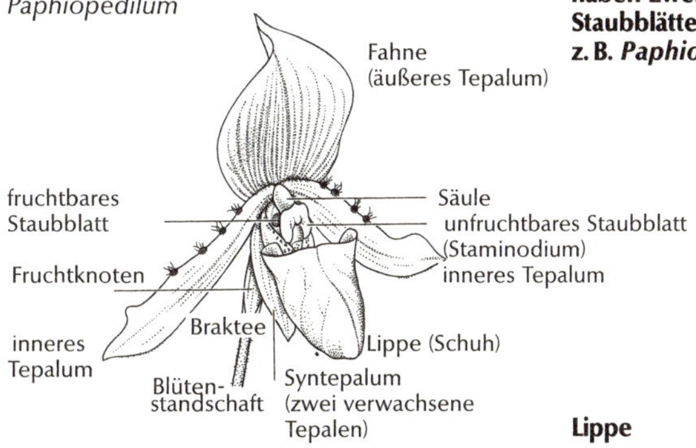


Aufbau einer diandrischen Blüte mit zwei fruchtbaren Staubblättern

**Schildchen oder Staminodium**

Ein unfruchtbares Staubblatt ist zu einem schildförmigen sterilen Gebilde, dem Staminodium, geworden und

# Botanisches über Orchideen

**Staubblätter**

**Fruchtknoten unterständig**

**Resupination**

**Blütenstand = Infloreszenz**

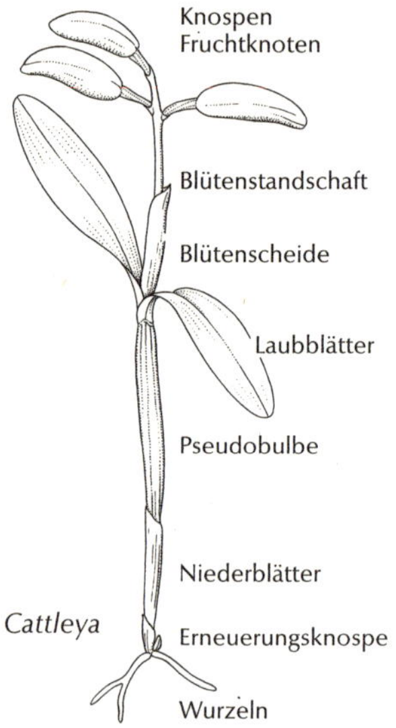


Endständiger Blütenstand einer sympodial wachsenden Orchidee

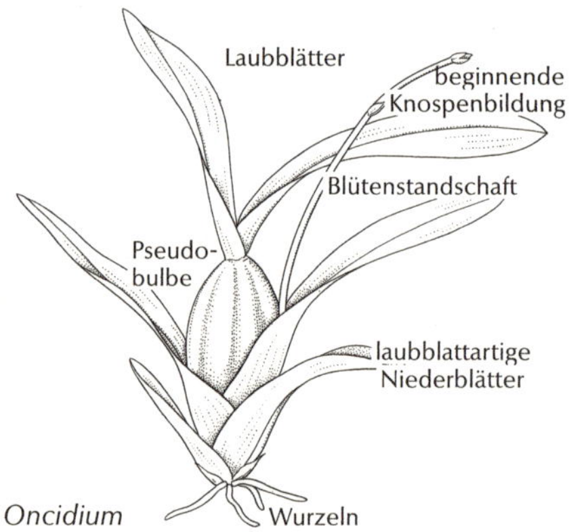


Seitenständiger Blütenstand einer sympodial wachsenden Orchidee

sitzt der Spitze der Säule auf. Darunter befindet sich die ähnlich geformte Narbe. Zwei Staubblätter des inneren Kreises beiderseits der kurzen Säule sind fertil, pollentragend. Zwei Staubblätter des äußeren Kreises und eines des inneren sind steril und kaum noch feststellbar.

Bei Orchideen ist der Fruchtknoten stets unterständig, stielartig, oft um 180° gedreht (Resupination), wodurch die Lippe als Landeplatz für die Insekten in der Blüte unten steht. Auch die Blütenstiele können sich drehen.

### Blütenstand

Orchideen haben einen meist mit schuppenartigen Hochblättern besetzten oder blattlosen Blütenstand (Infloreszenz). Er kann ein- oder mehrblütig sein und wächst endständig bzw. terminal aus der Pseudobulbe (acranth), z. B. *Cattleya*, oder er ist seitlich angeordnet (pleuranth), z. B. *Oncidium*. Die Blüten stehen in den Achseln von Tragblättern (Brakteen).
Der Grundtyp der Blütenanordnung ist eine Traube. Sie kann verzweigt oder zu einer Rispe weiterentwickelt sein.

### Früchte und Samen

Orchideenfrüchte sind dreikantige, runde oder längliche Kapseln. Die Kanten entsprechen den Verwachsungsnähten der drei Fruchtblätter oder deren Mittelrippe. Zur Reife werden die Früchte gelb, später braun. Sie öffnen sich durch drei oder sechs Längsspalten, wobei ebenso viele Klappen entstehen. Im Inneren der Kapsel sind hygroskopische Schleuderhaare. Durch unterschiedliche Luftfeuchtigkeit bewegen sie sich und befördern so die Samen aus der Kapsel.

Die Samen der Orchideen gehören zu den kleinsten im Pflanzenreich, werden jedoch in großen Mengen gebildet. Bei *Cymbidium* enthält eine Kapsel etwa 1,5 Millionen, bei *Cattleya* drei Millionen Samenkörner. Bis zu ihrer Reife brauchen die Samen mehrere Wochen bis etwa 15 Monate, in Ausnahmefällen auch bis zu zwei Jahren. Sie sind reif, wenn sich die Kapseln gelblich färben und weich anfassen. Die Keimfähigkeit der Samen bleibt bis etwa sechs Monate, maximal ein Jahr erhalten. Die Samen sind sehr leicht, so daß sie bei den Epiphyten, ihrer Lebensweise angepaßt, nach einem Schwebeflug geeignete Standorte zur Keimung finden.
Da die Samen kein Nährgewebe ausbilden, können sie sich nicht allein ernähren. Orchideen leben deshalb mit Fadenpilzen in Gemeinschaft (Symbiose). Die Samenkörner besitzen sogenannte Einlaßzellen, die mehr Eiweiß enthalten als die übrigen. Durch diese Zellen dringen die Pilzfäden (Hyphen) in die Samen ein und übernehmen die Ernährung des sich entwickelnden Keimlings.

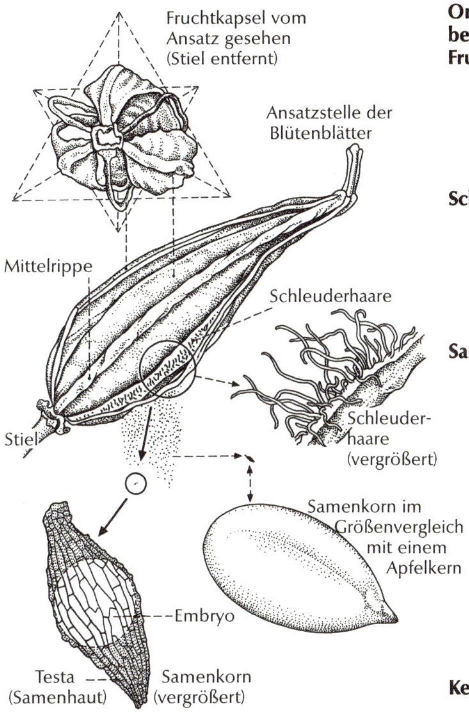


Fruchtkapsel und Samen bei Orchideen

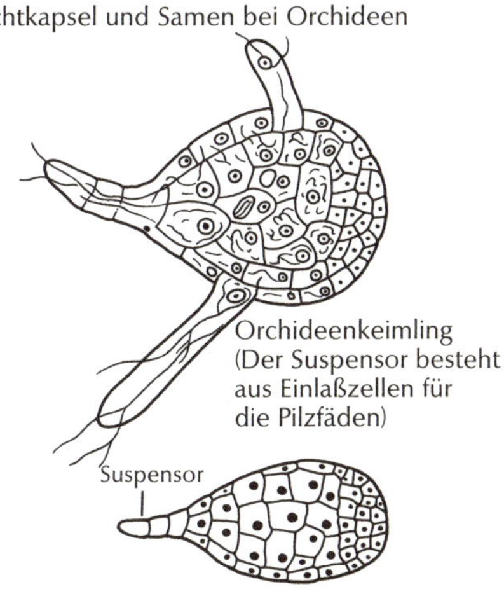


**Orchideenfrüchte bestehen aus drei Fruchtblättern**

**Schleuderhaare**

**Samen sind sehr klein**

**Keimfähigkeit**

**Samen haben keine Nährgewebe – Symbiose mit Wurzelpilzen ist erforderlich** **→ generative Vermehrung S. 104**

# Der Entwicklungsrhythmus

**Vegetationsperiode**
**Seite 29**

Die meisten Orchideen sind an einen streng geregelten Lebensrhythmus gebunden, der den klimatischen Verhältnissen ihrer heimatlichen Standorte entspricht. Der ständige Wechsel zwischen Vegetations- und Ruheperiode beherrscht das Leben der Pflanzen.

**Ruheperiode**
**Seite 29**

**Ausnahmen**
**Seite 31**

Während der Wachstumszeit lagern sie in ihren Speicherorganen, wie Rhizomen und Knollen bzw. Sproßknollen (Pseudobulben) Reservestoffe ein. Teilweise sind dazu auch Blätter befähigt (z. B. *Cattleya*). Diese können auch die Funktion der Speicherorgane übernehmen (z. B. *Brassavola nodosa*). Besonders in gemäßigten Klimaten sterben sie am Anfang der Ruhezeit ab (z. B. *Orchis*). Durch die gespeicherten Reservestoffe kann die Pflanze in der Wachstumszeit einen meist kräftigeren Neutrieb entwickeln und kommt nach einigen Jahren zur Blüte.

In unseren Breiten beginnt die Vegetationsperiode am Ende des Winters bzw. am Anfang des Frühlings mit steigendem Licht und zunehmender Wärme. Auch viele tropische und subtropische Orchideen haben sich dem jahreszeitlichen Ablauf angepaßt. Sie bilden neue Wurzeln und beginnen zu treiben.

Sobald die klimatischen Bedingungen den Anforderungen der Art entsprechen, wird bei den sympodialen Orchideen, z. B. *Cattleya*, der Neutrieb sichtbar, monopodiale Orchideen wie *Vanda* entwickeln neue Blätter.

# Vegetationsperiode, Ruheperiode

## Vegetationsperiode

**Licht und Wärme sind ausreichend vorhanden**

In der Zeit der aktiven Phase müssen die Pflanzen durch geeignete Kulturmaßnahmen unterstützt werden. Sie brauchen ausreichend Wasser und Nährstoffe. Die Entwicklung erreicht ihren Höhepunkt in den Sommermonaten. Durch ausreichende Beschattung und genügend Frischluft schützt man die Pflanzen vor Überhitzung.

Entscheidend für die Kultur ist jetzt das richtige Zusammenwirken von Licht, Temperatur, Wasser und Nährstoffen. Nur so findet die Pflanze ideale Bedingungen zur bestmöglichen Ausbildung ihres Jahrestriebes und zur Speicherung von Reservestoffen. Im Spätsommer oder im Frühherbst beendet sie ihr Wachstum. Mit völliger Ausbildung der Pseudobulben bzw. eines neuen Blattes verringert man die Luftfeuchtigkeit und schränkt das häufige Spritzen und Gießen ein. Der Übergang zur Ruhezeit darf nicht plötzlich, sondern muß allmählich erfolgen.

**Bildung**
**– neuer Wurzeln**
**– des Neutriebes**

## Ruheperiode

**Ruhezeit**
**Heimische Orchideen**
**→ Botanik, S. 20**

Viele unserer heimischen Orchideen überdauern die kalte Jahreszeit, indem ihre Knollen oder Rhizome im sicheren Schutz der Erde ruhen. Bei günstigem Wetter treiben sie im Frühjahr wieder aus. Die Trockenzeit in den Tropen und Subtropen, einhergehend mit dem Laubfall der Großvegetation, ist in be-

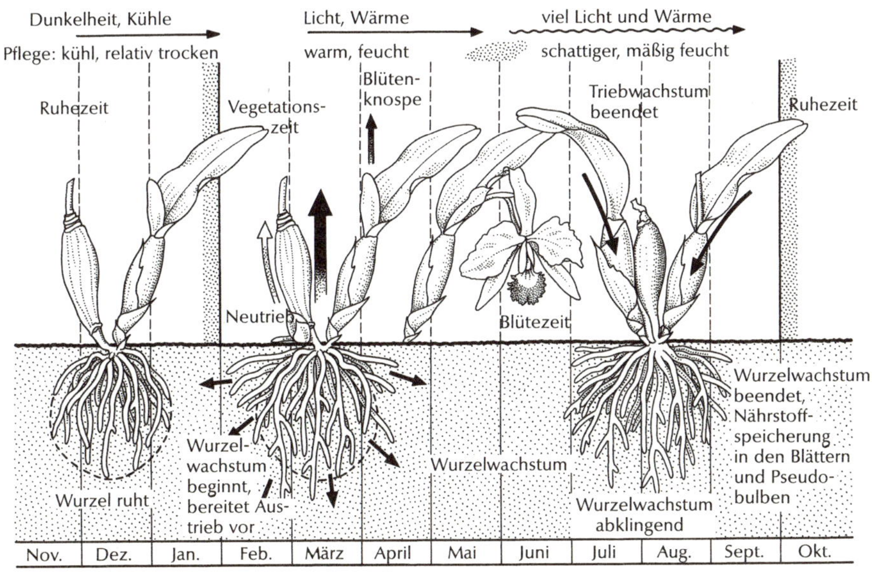


Wachstumsrhythmus
Beispiel: sommerblühende *Cattleya*

# Entwicklungsrhythmus

**Die Speicherorgane enthalten ausreichend Reservestoffe und Wasser**

**Wenig Licht, keine Wärme, geringe Feuchtigkeit: die Orchideen ruhen!**

**Ausgeprägte Ruhezeit ohne Blätter und Wurzeln –** ***Calanthe vestita***

**Blüteninduktion:**
***Cymbidium*** **bei 13 bis 16 °C**
***Paphiopedilum insigne*** **und seine Hybriden bei 10–12 °C (6 Wochen lang)**
***Phalaenopsis*** **bei 13–17 °C**

Stark ausgeprägte Wachstums- und Ruheperiode *Calanthe vestita*

zug auf die Pflanzenruhe etwa unserem Winter gleichzusetzen. Hier sind es Kälte und weniger Licht, die die Ruhezeit bewirken, dort die Trockenheit.
Die Speicherorgane der in den Tropen und Subtropen lebenden Orchideen, die Sproßknollen bzw. Pseudobulben, enthalten ausreichend Reservestoffe und Wasser, so daß die Pflanzen existenzfähig bleiben. Der nächtliche Tau sorgt für einen Ausgleich der am Tage verdunsteten Feuchtigkeit. Die nach unserem Klimaverlauf orientierten tropischen und subtropischen Orchideen haben ihr Wachstum beendet, Feuchtigkeit und Temperatur werden dem geringen Lichteinfluß entsprechend vermindert – die Pflanzen ruhen.

Eine besonders ausgeprägte Ruhezeit machen die nach Abschluß des Jahrestriebes blätterabwerfenden Orchideen durch. Sie werden meist kühl und fast völlig trocken gehalten. Bis zur Triebentwicklung können sie relativ dunkel stehen.
Während der Ruhezeit, d.h. bei fast trockenem Pflanzstoff, erfolgt bei zahlreichen Orchideen die Ausbildung der Blütenanlagen (Blüteninduktion). Sie wird bei vielen Arten und deren Hybriden durch niedrige Temperaturen ausgelöst, die sich physiologisch ähnlich auswirken, bzw. verstärkt.
Durch kurze Tage, also bei langen Dunkelphasen wird oft die Wirkung noch erhöht.

## Ausnahmen

Zahlreiche Orchideen haben sich jedoch diesem jahreszeitlichen Rhythmus nicht ganz angepaßt. Einige haben ihre Ruhezeit nach dem Ausreifen des Triebes im Herbst bis zum Sichtbarwerden der Knospen; sie blühen im Winter oder im Frühjahr, ihre Wachstumsphase beginnt dann nach einer zweiten kurzen Ruhepause etwas später.

**Abweichender Entwicklungsrhythmus**

Andere öffnen ihre Blüten unmittelbar mit oder kurz nach Ausbildung des Jahrestriebes im Spätsommer, Herbst oder Frühwinter. Sie sind bei ausreichendem Licht bis zum Abblühen gleichbleibend feucht zu halten. Erst dann setzt ihre Ruhezeit ein.

Manche *Cattleya*-Arten entwickeln nach der Blüte im Sommer oder Frühherbst einen zweiten Neutrieb. Man kann versuchen, diesen durch bestmögliche Bedingungen wie Wärme, Kunstlicht, hohe Luftfeuchtigkeit und Nährstoffe zum Ausreifen zu bringen. Sind diese Bedingungen nicht zu schaffen, bricht man ihn aus. Läßt man ihn trotzdem wachsen, gelangt er kaum zur Blütenbildung. Auch der Blütenansatz des vorhergehenden Triebes kann sich dadurch möglicherweise nicht entwickeln.

*Pleurothallis schiedei*

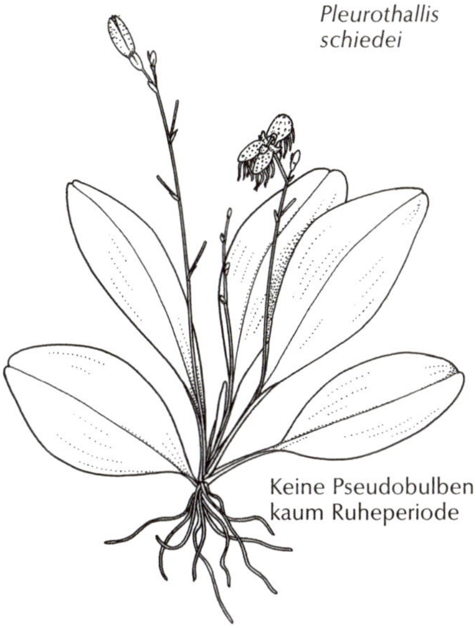

Keine Pseudobulben – kaum Ruheperiode

**Kleinwüchsige Orchideen und Arten ohne Speicherorgane – keine ausgeprägte Ruheperiode**

Alle kleinwüchsigen Gattungen und Arten ohne nennenswerte Bildung von Speicherorganen dürfen keinesfalls einer längeren Trockenzeit unterzogen werden. Man hält sie nur etwas kühler (bei 10 bis 15°C), gießt weniger, übersprüht aber gelegentlich. Ebenso verfährt man mit Orchideen ohne Speicherorgane wie *Phalaenopsis, Paphiopedilum* u.a. Jungpflanzen aller Gattungen und Arten sollten immer ohne Ruhepause kultiviert werden.

**Erneuter Austrieb im Herbst**

Eine weitere Ausnahme machen *Odontoglossum crispum*, die daraus gezüchteten Hybriden sowie ihre Mehrgattungsbastarde. Ihr Neutrieb beginnt meist im Herbst. Verpflanzt werden sie ebenfalls zu diesem Zeitpunkt, wenn der Neutrieb etwa 10 cm lang ist und Wurzeln bildet. Sie verlangen auch im Winter einen gleichmäßig feuchten Pflanzstoff. Günstig ist eine ähnliche Kultur bei *Masdevallia* und Verwandten.

# Die Wachstumsfaktoren

**Licht**
**Seite 33**

**Temperatur**
**Seite 38**

**Wasser**
**Seite 39**

**Ernährung**
**Seite 46**

Licht, Temperatur und Wasser bewirken im Zusammenspiel mit optimaler Ernährung die Entwicklung der Pflanzen – man spricht deshalb von Wachstumsfaktoren. Sie sind in hohem Maße voneinander abhängig. Keiner darf fehlen. Ohne ausreichendes Licht, auch wenn genügend Wärme, Wasser und Nährstoffe vorhanden sind, ist kein Wachstum möglich. Ähnliches gilt für die anderen Faktoren. Wird bei niedrigen Temperaturen zu viel gegossen, faulen die Wurzeln, bekommt die Pflanze bei hohen Temperaturen zu wenig Wasser, vertrocknet sie.

Die Entwicklungsvorgänge wie Keimung der Orchideen und ihre Blütenbildung werden im wesentlichen vom Licht und von der Temperatur bestimmt. Das Wissen um diese Zusammenhänge ermöglicht es uns, durch gezielte Pflegemaßnahmen in gewissem Umfang z. B. die Steuerung der Blütezeit zu erreichen. Unabhängig davon bleiben jedoch die Eigenschaften der Pflanzen erhalten, weil sie im Erbgut festgelegt sind.

Kenntnisse über die Umweltbedingungen am heimatlichen Standort der Orchideen sind nützlich, aber nicht allein entscheidend für den Kulturerfolg. Durch die geringe Lichtmenge in unseren Breiten im Winter können wir die Verhältnisse in den Tropen und Subtropen nicht in allen Details nachahmen. Daran ändert auch eine künstliche Belichtung nicht viel. Man muß die Pflege den Bedingungen unseres Klimas anpassen. Es ist entscheidend, die Zusammenhänge zwischen den wichtigsten Wachstumsfaktoren zu erkennen und bei der täglichen Pflege zu beachten.

## Licht

Bei der Pflege tropisch-subtropischer Orchideen sollte man wissen, daß in ihrer Heimat das Licht sowohl im Verlauf des Tages als auch der Jahreszeiten viel gleichmäßiger ist als in unseren Breiten. In Äquatornähe ist bei gleich hohem Sonnenstand das ganze Jahr über 12 Stunden Tag und 12 Stunden Nacht. Bei uns in der gemäßigten Klimazone schwankt die Tageslänge in beträchtlichem Umfang von etwa 16 Stunden im Sommer bis acht Stunden im Winter.

Orchideen sind anpassungsfähig. Nur so können sie unter den völlig anderen Lichtverhältnissen existieren. Das Wachstum der Pflanzen nimmt mit zunehmender Lichtstärke und Belichtungsdauer bis zu einer Grenze zu, über die hinaus die Entwicklung nicht steigerungsfähig ist. Als erster Grundsatz der Orchideenpflege gilt daher, den Pflanzen soviel Licht zukommen zu lassen, wie sie ohne Schädigung vertragen. Obwohl der Lichtbedarf der einzelnen Gattungen und Arten recht unterschiedlich ist, erfüllt ein halbschattiger Platz die Bedingungen der meisten Orchideen.

An den heimatlichen Standorten wie z. B. in den Tropen verhindert eine ständige Luftbewegung, daß die Pflanzen trotz der intensiven Sonneneinstrahlung geschädigt werden. Die fehlende Luftbewegung in unseren Kulturräumen muß durch Frischluftzufuhr

Lichtverhältnisse in Natur und Kultur

Gleichmäßiger Tag-Nacht-Rhythmus in den Tropen

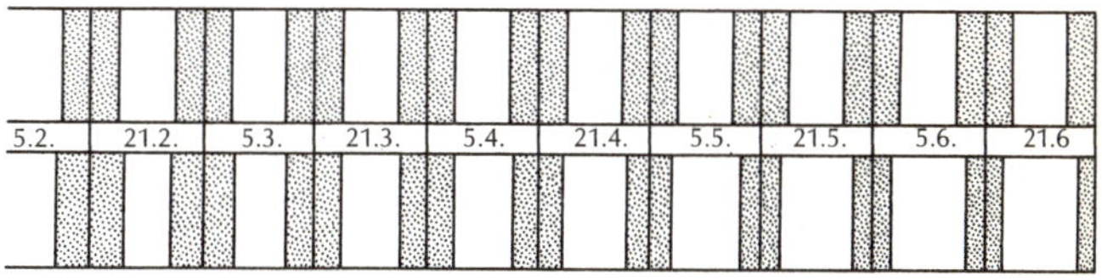


Unterschiedliche Tag- und Nachtlänge in Mitteleuropa

**Lichtverhältnisse in Äquatornähe und in Mitteleuropa**

Assimilationskurve Ende April

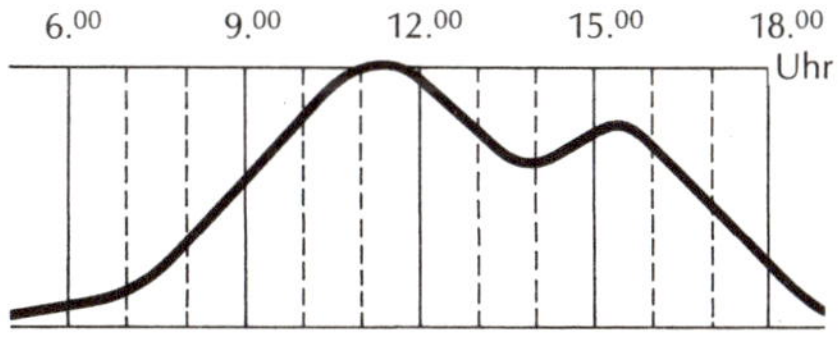


Bis Mittag – steigende Stoffproduktion, nachmittags sinkend.

**Ausnutzung des Lichtes durch die Pflanzen – viel Licht fördert das Wachstum**

Optimale Lichtmenge = gesundes Wachstum

**Faustregel: halbschattiger Standort**

**Luftbewegung beeinflußt die Sonnen- bzw. Wärmestrahlung**

# Wachstumsfaktoren

**Licht beeinflußt das Längenwachstum der Pflanzen,**
- **viel Licht = gedrungene, feste Pflanzen**
- **zu viel Licht = Vergilben bis Verbrennen der Blätter**
- **wenig Licht = spillriger Geilwuchs, weiches Pflanzengewebe**

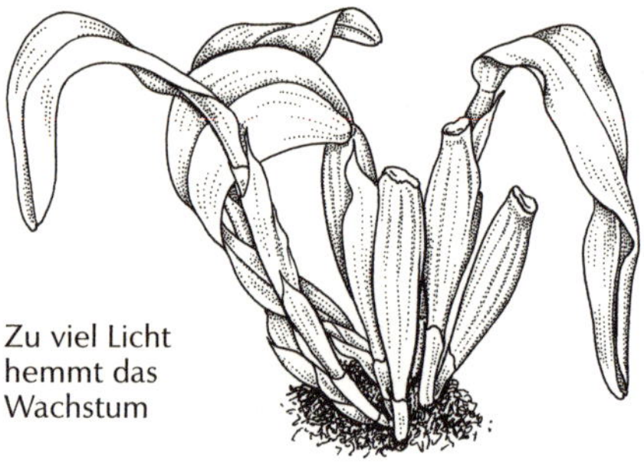

Zu viel Licht hemmt das Wachstum

Übermäßige Lichtmenge Blätter verbrennen

**Optimaler Lichtbedarf der Orchideen**

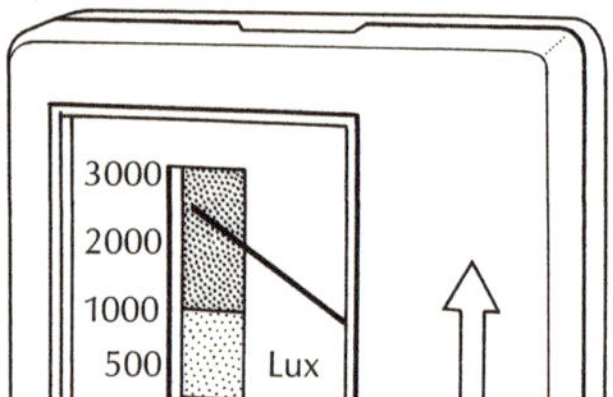


Luxmeter (Lichtmesser)

**▷ Reichblühend ist *Epidendrum moyabambae*, das in Peru auf Felsen wächst**

und Luftumwälzung mit Ventilatoren ausgeglichen werden.

Licht beeinflußt unmittelbar das Längenwachstum der Pflanzen. Ein kurzer, gedrungener Wuchs als sichtbare Auswirkung des Sonnenlichtes ist erwünscht, – jedoch nur bis zu einer bestimmten Grenze. Diese ist erreicht, wenn die Blätter durch Ausbleichen des Chlorophylls eine rötliche oder gelbliche Farbe annehmen. Wird nicht sofort gelüftet oder beschattet und die Luftfeuchtigkeit erhöht, können sie braun oder schwarz werden – sie »verbrennen«. Ein Totalverlust der Pflanze ist die Folge.

Bekommen Orchideen zu wenig Licht, wird das Längenwachstum gefördert – bis zum sogenannten Geilwuchs. Das Gewebe ist weich und locker aufgebaut. Damit kann die Pflanze Krankheiten und Schädlingen nur geringen oder keinen Widerstand entgegensetzen. In der lichtarmen Jahreszeit entstandene Neutriebe bleiben in der Regel kleiner als solche, die sich im Frühjahr oder Sommer entwickelt haben. Für Orchideen wird ein optimaler Lichtbedarf von 6400 bis 32000 Lux angegeben.

Viele Orchideen reagieren empfindlich auf die erste Frühlingssonne. Nach monatelangem Lichtmangel sind sie nicht auf plötzlichen Überschuß eingestellt. Schon ab Ende Februar kann – besonders während der Mittagsstunden – ein Beschatten erforderlich sein.

Ab Ende August mindert man den Schatten differenziert nach den unterschiedlichen Lichtansprüchen der Pflanzen. Dadurch werden Triebabschluß und Knospenbildung gefördert. Ab Mitte bis Ende September kann bei den meisten Orchideen eine Beschattung entfallen. Trotzdem ist an sonnenreichen Tagen noch Vorsicht geboten, insbesondere bei schattenliebenden Arten.

Zusatzbelichtung von Oktober bis März kann das zu geringe Tageslicht weitgehend ausgleichen. Dies gilt für alle Orchideen. Über diesen Zeitraum hinaus, sollte man nur Jungpflanzen Zusatzlicht geben. Die mögliche Steigerung der Assimilation und das dadurch geförderte Wachstum hängen von Stärke und Dauer der Zusatzbelichtung ab. Durch zusätzliches Kunstlicht wird es außerdem möglich, Gattungen bzw. Arten in die Pflege einzubeziehen, die für eine gesunde Entwicklung und für ihren Blütenansatz viel Licht brauchen.

Für die Zusatzbelichtung kommen vorwiegend Leuchtstoffröhren in Betracht. Sie sollten etwa 10 bis 15 cm über den Pflanzen installiert werden, keinesfalls weiter als 50 cm, da die wirksame Strahlung sonst nicht ausreicht. Den relativ hohen Kosten steht eine reiche Lichtausbeute und geringer Stromverbrauch gegenüber. Man verwendet meist Tageslicht- und Warmtöne, auch Mischlicht. Für Gewächs-

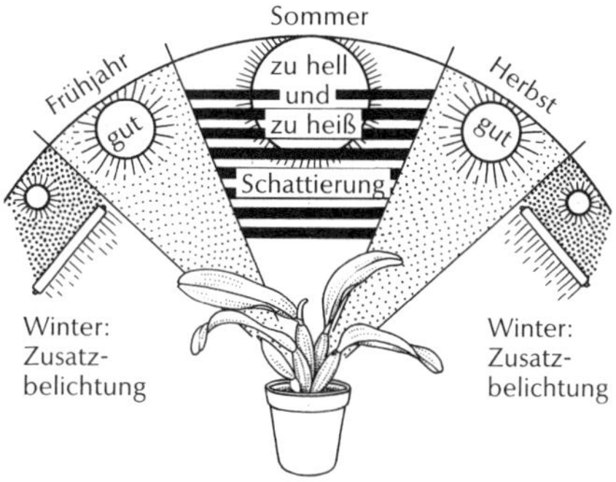


**Zusatzbelichtung hauptsächlich im Winter mit Leuchtstoffröhren**

Belichtungsstärke für ausgewählte Gattungen bzw. Arten (gilt meist auch für die Hybriden und Gattungsbastarde) nach Schoser und Richter

| Gattung/Art | Entwicklungsstadium | Belichtungsstärke |
|---|---|---|
| *Cattleya* und Verwandte | nach der Keimung | 2000 lx * |
| | nach dem Pikieren | 4000 lx * |
| | im 4-cm-Topf | 6000 bis 15000 lx * |
| | im 8-cm-Topf | 15000 bis 25000 lx * |
| *Coelogyne* | gut entwickelt | 5000 lx ** |
| *Cymbidium* | Sämlinge | 8000 lx * |
| | ältere Pflanzen | 15000 lx * |
| *Dendrobium* | blühfähige Pflanzen | 15000 lx * |
| *Epidendrum* | blühfähige Pflanzen | 7500 lx * |
| *Miltonia* | blühfähige Pflanzen | 7500 lx * |
| *Odontoglossum* | Sämlinge | 8000 lx * |
| *Crispum* und Hybriden | ältere Pflanzen | 15000 lx * |
| *Oncidium* | ältere Pflanzen | 15000 lx * |
| *Paphiopedilum* | Sämlinge | 2500 lx * |
| | blühfähige Pflanzen | 7500 lx * |
| *Phalaenopsis* | Sämlinge | 1000 lx ** |
| | blühfähige Pflanzen | 7500 lx *** |
| *Vanda* | blühfähige Pflanzen | 15000 lx * |

lx = Lux, Maß für die Belichtungsstärke
* = Belichtungsdauer 16 Stunden je Tag
** = Belichtungsdauer 12 Stunden je Tag
*** = Belichtungsdauer 9 Stunden je Tag

Die Bedeutung der Zusatzbelichtung ist gut an *Cattleya* zu erkennen, die bei 45000 lx und 16 Stunden Belichtung je Tag bereits nach 2,5 statt nach 7 Jahren blühen können.

**◁ Cymbidium-Züchtungen blühen lange in vielen Farben, sind jedoch nur für große Pflegeräume geeignet**

# Wachstumsfaktoren

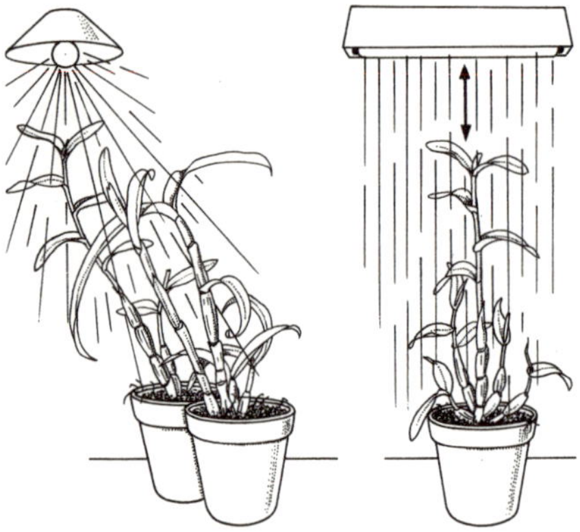

Seitenlicht
schiefes Wachstum

gerader Wuchs

Zusatzlicht fördert das Wachstum im Winter

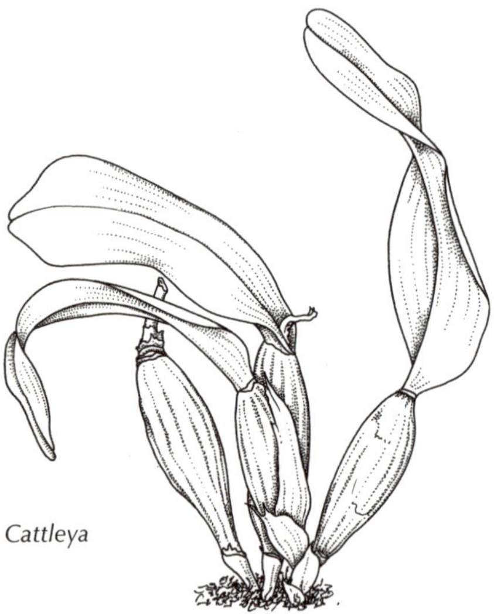

*Cattleya*

Gesunde und kräftige Pflanze durch nächtliche Temperaturabsenkung

häuser eignen sich besonders die wirkungsvolleren Hochdruckdampf- und Halogenlampen. Um Verbrennungen an den Pflanzen zu vermeiden, ist ein ausreichender Abstand erforderlich.

### Temperatur

**Wechselbeziehung der Temperatur zu den anderen Wachstumsfaktoren**

**Temperaturmessung**

Pflanzen sind durch ihre Erbanlagen an bestimmte Temperaturbereiche gebunden. Kenntnisse über die artspezifischen optimalen Werte sind wichtig, um ein gutes Wachstum zu gewährleisten. Bei der Pflege muß das Verhältnis der Temperatur zu den anderen Wachstumsfaktoren Licht, Feuchtigkeit und Ernährung stimmen. Hohe Temperaturen bei wenig Licht sind ebenso unzuträglich wie niedrige bei zu hoher Feuchtigkeit. Die Temperaturmessung gehört zu den wichtigsten Pflegemaßnahmen für Orchideen. Das Thermometer muß sich in unmittelbarer Nähe der Pflanzen befinden. Besonders schädlich für die Gesundheit sind zu niedrige Temperaturen an den Wurzeln.

**drei Temperaturbereiche**

Weit verbreitet ist die Meinung, daß Orchideen viel Wärme lieben. Dies führt oft zu Mißerfolgen. Man unterscheidet bei der Pflege drei Temperaturbereiche:
kalt – temperiert – warm.
Die Temperaturansprüche sind je nach Tages- und Jahreszeit verschieden. Nachts sollten die Werte etwas niedriger sein als tagsüber, da die Pflanzen

auch während der Dunkelheit atmen. Ist es zu warm, verbrauchen sie dafür zu viel Energie. Dies gilt auch für dunkle Tage im Winter. Man spricht davon, daß die Pflanze ihre Substanz »veratmet« – sie geht ein.
Kurzzeitig überstehen Orchideen auch Temperaturen außerhalb ihrer optimalen Bereiche. So ist es nicht zu vermeiden, daß an heißen Sommertagen besonders unter Glas die Werte ansteigen oder bei strengem Frost etwas niedriger liegen. Auch der Entwicklungsstand der Pflanze ist zu berücksichtigen. Jungpflanzen wollen immer etwas wärmer gepflegt werden.

## Wasser

Man unterscheidet zwischen Boden- und Luftfeuchtigkeit.

*Luftfeuchtigkeit*
Unter relativer Luftfeuchtigkeit versteht man die Wassermenge, die bei einer bestimmten Temperatur und einem bestimmten Luftdruck in der Luft enthalten ist. Sie wird vom Verhältnis der möglichen zur tatsächlichen Sättigung der Luft mit Wasserdampf bestimmt und in Prozent angegeben. Die meisten Orchideen wachsen bei einer Luftfeuchtigkeit von 50 bis 80 Prozent gut. Unter Glas erreicht man diese Werte leicht.

Im Sommer beträgt die Luftfeuchtigkeit bei schönem Wetter im Zimmer

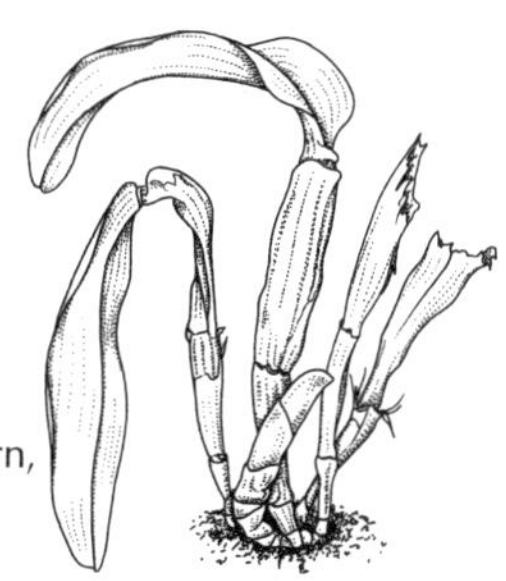

zu dunkel und zu warm im Winter – Pflanzen kümmern, sie gehen ein!

**Temperaturabsenkung nachts etwa 4 bis 6 °C**

**Jungpflanzen brauchen mehr Wärme**

Pflegebereiche – die Temperaturen sind Durchschnittswerte

| | | Temperatur in °C | Beispiele |
|---|---|---|---|
| **Kalter Bereich:** | | | |
| Sommer | Tag | 15 bis 20 | *Cymbidium**, *Odontoglossum,* |
| | Nacht | 12 bis 15 | *Zygopetalon, Paphiopedilum* |
| Winter | Tag | 12 bis 15 | *villosum, Paph. insigne,* |
| | Nacht | 8 bis 10 | *Masdevallia, Dendrobium nobile** |
| **Temperierter Bereich:** | | | |
| Sommer | Tag | 18 bis 20 | *Cattleya, Laelia, Oncidium,* |
| | Nacht | 16 bis 18 | *Maxillaria, Miltonia, Dendro-* |
| Winter | Tag | 15 bis 18 | *chilum, Brassia, Trichopilia* |
| | Nacht | 13 bis 15 | |
| **Warmer Bereich:** | | | |
| Sommer | Tag | 20 bis 24 | *Phalaenopsis, Paphiopedilum* |
| | Nacht | 18 bis 21 | *callosum, Paph. stonei,* |
| Winter | Tag | 18 bis 22 | *Dendrobium phalaenopsis,* |
| | Nacht | 16 bis 18 | *Psychopsis* |

* Pflege während der Wachstumszeit warm!

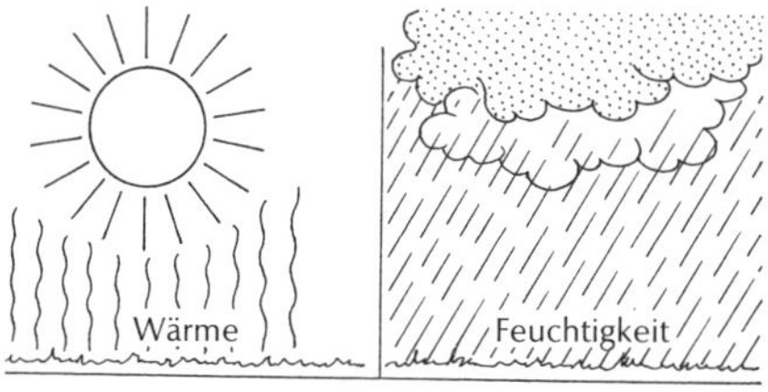


Sonnig – geringe Luftfeuchte
Regen – hohe Luftfeuchte

**Feuchtigkeit ist**
- **Luftfeuchte**
- **Bodenfeuchte**

**Temperatur und Luftfeuchte stehen in Wechselbeziehung**

**Mindestens 50 % relative Luftfeuchtigkeit**

# Wachstumsfaktoren

**Im Zimmer:**
- **außerhalb der Heizperiode reicht Luftfeuchte**
- **während der Heizperiode muß Luftfeuchte erhöht werden**

Bei hoher Wärme sinkt die Luftfeuchtigkeit, bei niedrigen Temperaturen steigt sie an.

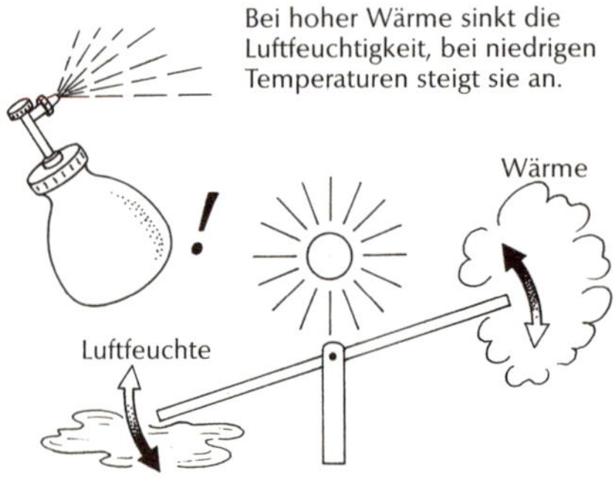


**Höhere Luftfeuchtigkeit durch Wasserverdunstung**

**Nachts sollten die Pflanzen trocken sein! Feuchte Pflanzen = Gefahr durch Pilzbefall**

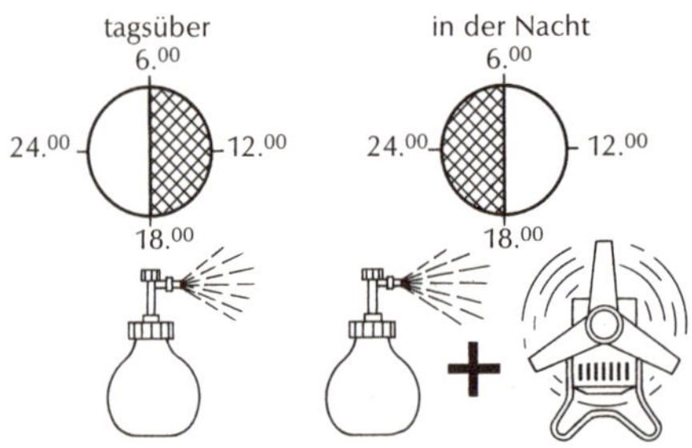


Erhöhung der Luftfeuchtigkeit durch Sprühen, abends jedoch nur mit guter Luftumwälzung

**Richtiges Gießen**

Differenzierte Wassergaben entsprechend Pflanzenentwicklung und Jahreszeit

etwa 50 Prozent. Herrscht trübes, kühles Wetter, erhöht sie sich auf 60 bis 80 Prozent. Dann erübrigt sich meist das Sprühen oder Spritzen.
Da mit höherer Wärme die Luftfeuchtigkeit abnimmt, kann sie während der Heizperiode zu niedrig sein. Durch Aufstellen von Wasserschalen oder elektrischen Luftbefeuchtern sowie durch öfteres Sprühen wird ein gewisser Ausgleich geschaffen.

Auch nachts mit bedingter Temperaturabsenkung sollte die Luftfeuchtigkeit nicht zu hoch sein, d. h. man soll am späten Nachmittag oder abends im Gewächshaus oder im Pflanzenfenster nicht mehr sprühen oder spritzen. Manche haben mit dem abendlichen Spritzen trotzdem gute Erfolge. Ein rasches Abtrocknen der Pflanzen ist dadurch jedoch nicht gewährleistet oder nur mit Hilfe eines Ventilators zu erreichen. Man sollte dann die Pflanzen verstärkt auf Fäulnis bzw. Pilzbefall kontrollieren. Die Luftfeuchtigkeit kann bei starkem Temperaturabfall in der Nacht so ansteigen, daß sie auf längere Zeit empfindlichen Orchideen abträglich ist oder Fäulnis hervorruft.

*Bodenfeuchtigkeit*
Eines der Hauptprobleme der Orchideenkultur ist das richtige Gießen. Bei geringer Luftfeuchtigkeit muß mehr gegossen werden als bei hoher. Für ein gutes Gedeihen der Pflanzen ist mäßige Ballenfeuchtigkeit und höhere Luftfeuchte günstiger. Bei extremer

Nässe des Pflanzstoffes leiden die Wurzeln unter Sauerstoffmangel.

Die meisten der epiphytisch wachsenden Orchideen benötigen auch während der Vegetationsperiode keine anhaltend hohe Feuchtigkeit des Pflanzstoffes. Ein gelegentliches, kurzes Austrocknen bzw. ein ständiger Wechsel zwischen feuchtem und trockenem Pflanzstoff entspricht den Bedingungen am heimatlichen Standort vieler Arten. Durch öfteres übersprühen erreicht man eine entsprechend hohe Luftfeuchtigkeit und braucht weniger zu gießen.
Günstig ist das Bewässern durch Tauchen, und zwar so lange, bis aus dem Pflanzstoff keine Blasen mehr aufsteigen. Erst wenn das Substrat wieder trocken ist, wird erneut getaucht.

Terrestrisch wachsende Orchideen benötigen während der Vegetationsperiode gleichmäßigere Feuchtigkeit als die meisten Epiphyten. An heißen Tagen wird reichlich gegossen und öfter übersprüht. *Paphiopedilum* als wichtige Vertreter terrestrischer Orchideen lieben von unten aufsteigende Luftfeuchte. Durch stets feuchte Standflächen werden Verdunstungsmöglichkeiten geschaffen. Ein zu rasches Austrocknen des Pflanzstoffes verhindert man auch durch das Einbetten der Töpfe in ein größeres Gefäß mit Moos oder Torf. Die Ruhezeit wird nur durch verminderte Feuchtigkeit angedeutet. Auch bei Orchideen, die sich in der Ru-

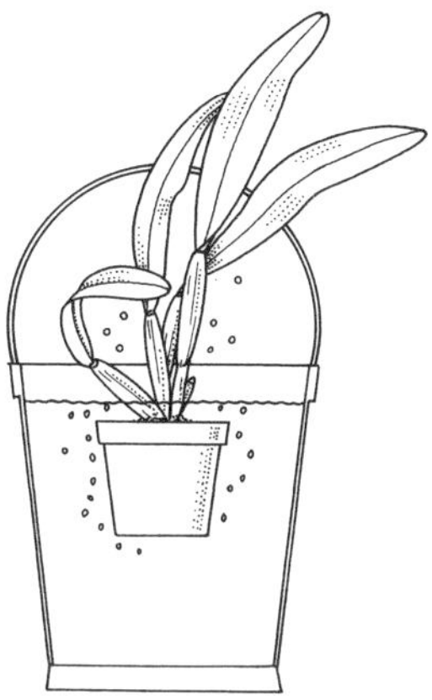

Bewässerung durch Tauchen bis keine Blasen mehr aufsteigen

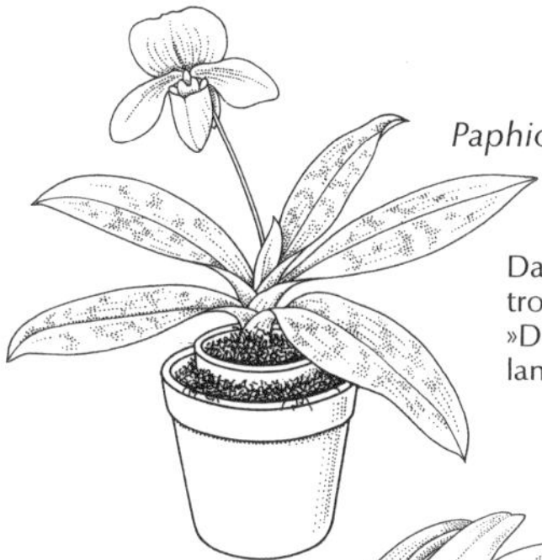

*Paphiopedilum*

Das Substrat trocknet im »Doppeltopf« langsamer aus.

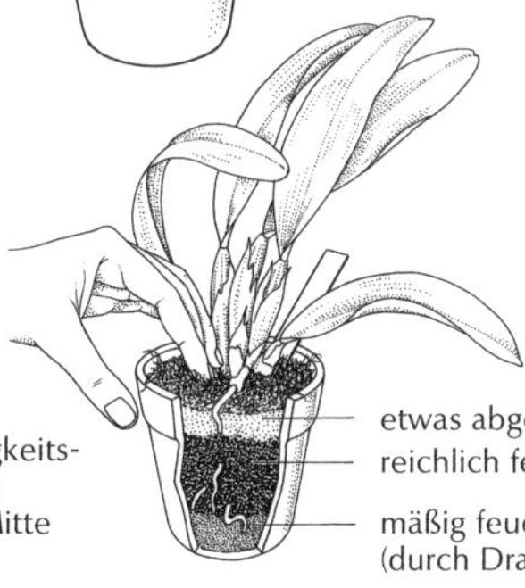


**Faustregel: Epiphytische Orchideen wachsen bei einem Wechsel von hoher Substratfeuchte und kurzem Austrocknen am besten**

**Sprühen erhöht die Luftfeuchte**

**Tauchen**

**Faustregel: Terrestrische Orchideen lieben gleichmäßige Substratfeuchte**

**Aufstellen im Doppeltopf verhindert rasches Austrocknen**

**Feuchtigkeit des Substrates während der Ruhezeit**

hezeit befinden, darf der Pflanzstoff nicht vollkommen austrocknen. Aus einer trockenen Oberfläche kann man nicht auf Trockenheit des gesamten Pflanzstoffes schließen. Im Inneren hält sich die Feuchtigkeit abhängig von der Beschaffenheit des Substrates etwas länger als an der Oberfläche.

**Farne als Feuchtigkeitsanzeiger**

Farne im Pflanzgefäß mit Orchideen zeigen Wassermangel durch Einrollen der Blätter an.

Zur Beurteilung des richtigen Feuchtigkeitsgrades gehört Erfahrung. Oft wird zu viel gegossen. Eine alte Regel besagt, daß bei der Orchideenpflege zu viel Feuchtigkeit mehr schaden kann als zu wenig. Wertvolle Indikatoren sind kleine Farne, die im Pflanzgefäß der Orchideen wachsen. Erst wenn sich ihre Blätter einrollen, ist der Pflanzstoff zu trocken.

**Beschaffenheit des Wassers, meßbare Werte:**
- **Gesamtsalzgehalt**
- **Härtegrad**
- **pH-Wert**

Die Beschaffenheit des Wassers ist von besonderer Bedeutung für den Erfolg. Leitungswasser ist wenig geeignet, da es meist auch Substanzen enthält, die den empfindlichen Wurzeln der Orchideen schaden können. Wichtig ist es, diese Stoffe zu kennen.

**Gesamtsalzgehalt in mg/l**
- **meßbar mit Hilfe der Leitfähigkeit in µS**

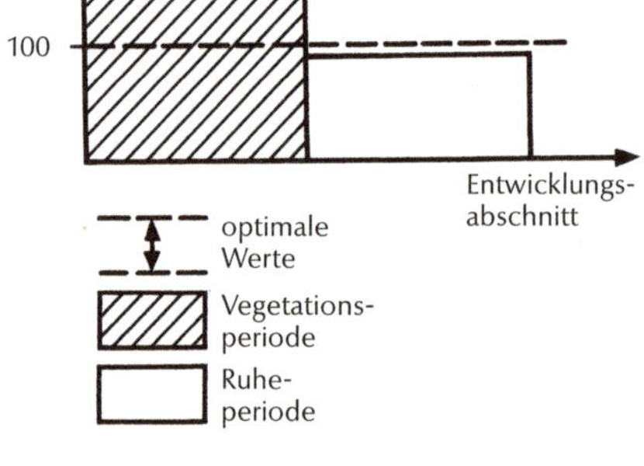


Die Leitfähigkeit des Wassers im Verhältnis zur Wachstums- und Ruheperiode

Der Gesamtsalzgehalt umfaßt alle Salze, die im Wasser enthalten sind. Er wird mit Hilfe der Leitfähigkeit – angegeben in Mikro-Siemens (µS) – ermittelt. Meßgeräte gibt es im Handel. Durch Multiplikation mit einem Umrechnungsfaktor (temperaturabhängig) erhält man die Salzmenge in Milligramm je Liter Wasser (mg/l). Die Leitfähigkeit des Gieß- oder Spritzwassers für Orchideen sollte zwischen 100 und

200 µS, nach Zugabe von Dünger bis 300 µS betragen. Während der Vegetationsperiode können die Werte etwas darüber, während der Ruhezeit etwas darunter liegen.

**Wasserhärte in °dH**

Die Härte des Wassers, angegeben in Grad deutscher Härte (°dH), wird durch die Salze von Kalzium und Magnesium bestimmt. Zum Beispiel entsprechen 10 mg Kalziumoxid (CaO) je Liter Wasser 1°dH.

**Temporäre (vorübergehende) oder Karbonathärte**

**Permanente (bleibende) oder Nichtkarbonathärte**

Man unterscheidet zwischen temporärer oder Karbonathärte – bestimmt durch den Gehalt an Kalziumcarbonat ($CaCO_3$) und Magnesiumkarbonat ($MgCO_3$) bzw. deren Hydrogenkarbonate $Ca(HCO_3)_2$ und $Mg(HCO_3)_2$ – und permanenter oder Nichtkarbonathärte.
Die temporäre Härte kann durch Abkochen des Wassers verringert werden. Dabei erfolgt ein Abbau der Hydrogenkarbonate des Kalziums und Magnesiums. Die schwerlöslichen Verbindungen setzen sich als »Kesselstein« ab, das gasförmige Kohlendioxid ($CO_2$) entweicht.
Die permanente Härte wird u. a. von Sulfaten, Chloriden und Nitraten gebildet. Es entsteht stets ein unlöslicher Niederschlag, der z. B. als Kalziumsulfat bzw. Gips ($CaSO_2$) zurückbleibt.

**Härtegrade – Bodenart**

Die Härtegrade des Wassers werden wesentlich beeinflußt durch die Bodenbeschaffenheit. In Gebieten mit einem Untergrund aus Quarzgestein, Sandstein, kristallinem Schiefer und

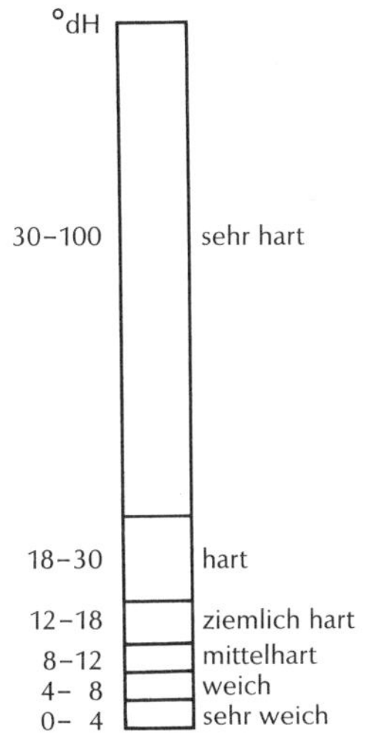

Härtegrade des Wassers (°dH)

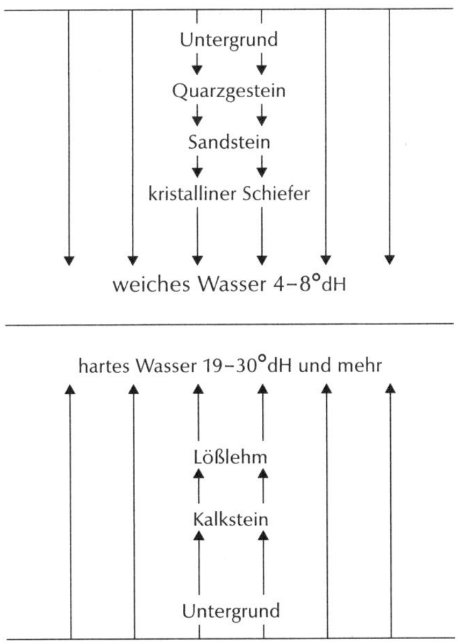

Einfluß des Bodens auf die Wasserhärte

**Geeignete Härte des Gießwassers= 4–6 (8)°dH**

**Wasserenthärtung durch:**
- **Abkochen**
- **Aufbereitung mit Ionenaustauschern**
- **Torfsäckchen in Wasser einhängen**
- **Zusatz chemischer Mittel, z. B. Säure**

**Torf bindet den Kalk**

**Wasser nach Zugabe von Oxalsäure einige Stunden stehen lassen – weißen Niederschlag entfernen**

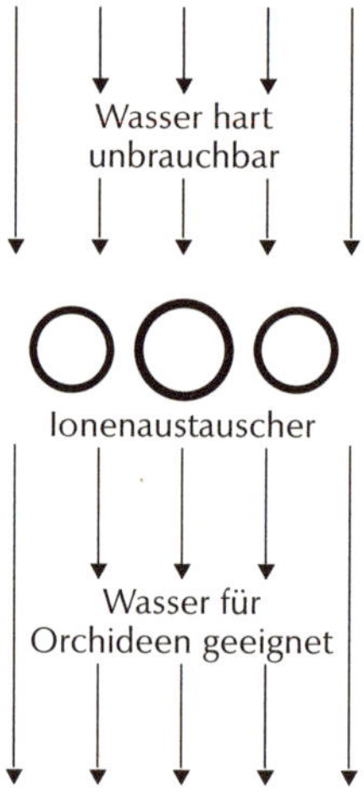


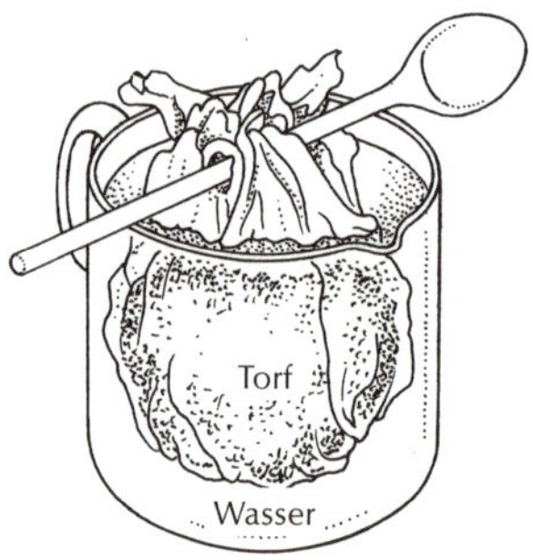

Saurer Torf zur Wasserenthärtung

ähnlichen Formationen wird das Brunnen- und Quellwasser weich sein. Es liegt bei Werten zwischen 4 und 8°dH. Hartes Wasser ist dort anzutreffen, wo im Boden wasserlösliche Mineralien vorkommen, also vorwiegend in Gebieten mit Kalkgestein oder Löß- und Lehmboden. Hier hat man eine Wasserhärte von 10 bis 30°dH und mehr. Die Härte des Leitungswassers kann man bei den zuständigen Wasserwerken erfragen. Im Handel werden Präparate angeboten, mit deren Hilfe man die Härte selber bestimmen kann.

Zur Enthärtung des Wassers kennt man zahlreiche Mittel und Methoden. Gut geeignet ist eine Wasseraufbereitung mittels *Ionenaustauschern.* Diese bestehen aus Kunstharzen, an deren Oberfläche die Salze gebunden werden. Das auf diese Weise entsalzte Wasser wird mit unbehandeltem gemischt, um etwa Werte zwischen 4 und 6 bzw. 8°dH zu erreichen. Der Gesamtsalzgehalt der Mischung sollte ebenfalls überprüft werden, insbesondere wenn man Dünger zusetzt.
Viele Orchideenfreunde haben gute Erfahrungen mit der Wasserenthärtung durch Hochmoortorf gesammelt. Ein *Säckchen Torf,* 100 bis 200 g, hängt man in einen Eimer Wasser. Nach etwa 24 Stunden ist ein großer Teil Kalk gebunden.
Eine Entsalzung mit *chemischen Mitteln,* z. B. mit Oxalsäure, ist ebenfalls möglich. Oxalsäure bindet sämtliche Kalksalze, die sich als weißer Nieder-

schlag absetzen. Man muß mit etwa 1 g technische Oxalsäure auf 5 l Wasser zur Herabsetzung um etwa 10°dH rechnen. Die verbliebene Resthärte ist zu prüfen. Der weiße Bodenniederschlag aus unlöslichem Kalziumoxalat darf nicht in das Gießwasser gelangen. Der Handel bietet auch flüssige Wasserenthärtungsmittel an.

**pH-Wert**

Der pH-Wert ist ein weiterer Faktor zur Beurteilung der Wasserqualität. Er ist ein Maß für die Wasserstoffionenkonzentration und gibt an, ob das Wasser sauer, basisch oder neutral reagiert. Der Neutralpunkt liegt bei 7. Für Orchideen soll der pH-Wert des Gieß- oder Spritzwassers um Werte zwischen 5 und 6 liegen, im leicht sauren Bereich.

**Prüfen des pH-Wertes**

Verschiedene Prüfpräparate dienen der Ermittlung des pH-Wertes. Ausreichend ist Indikatorpapier. Beim Benetzen mit Wasser verfärbt sich der Papierstreifen. Der pH-Wert wird an einer Skala oder auf einem Teststreifen durch Farbvergleich abgelesen.

Prüfung des pH-Wertes

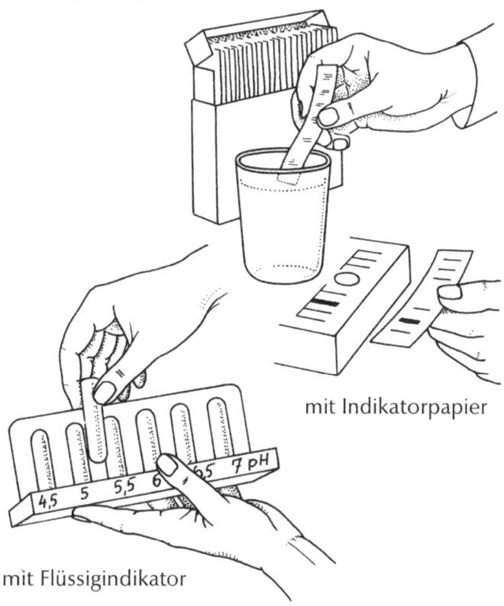


**Regenwasser**

Günstig ist die Verwendung von Regenwasser, ausgenommen in Gebieten, wo es durch Industrieanlagen zu stärkerer Verschmutzung der Luft und der Auffangflächen kommt. Die Auswaschungen aus der Atmosphäre dienen den Orchideen in ihrer Heimat zur Ernährung. Sie schwanken in ihrer Zusammensetzung und verändern den pH-Wert. Dieser sollte gelegentlich gemessen werden. Bei der Vorratshal-

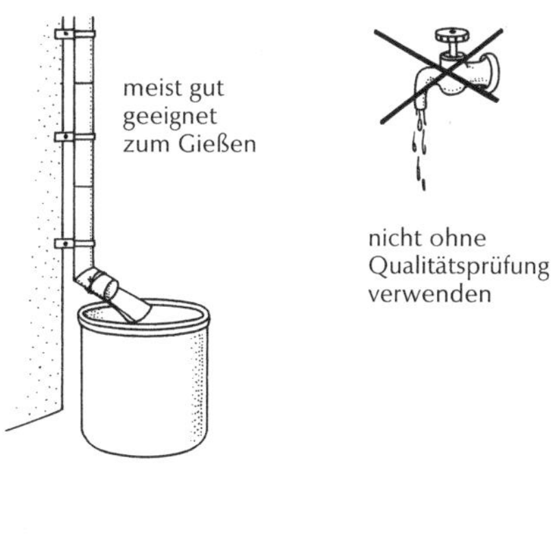

# Wachstumsfaktoren

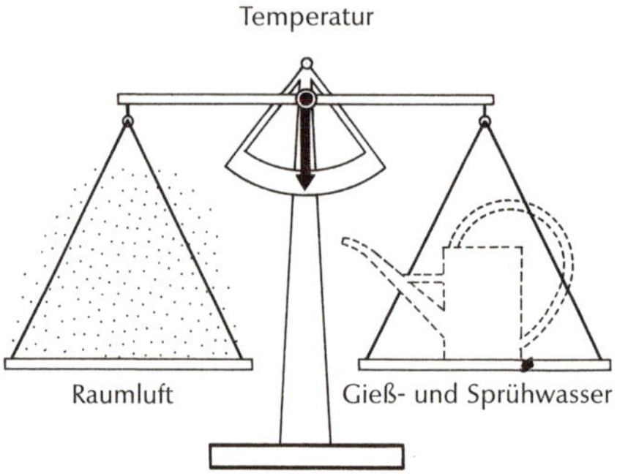


**Alte Gärtnerregel: Wasser zum Gießen, Tauchen und Spritzen soll etwa so warm wie die Raumluft sein**

tung von Regenwasser kann sich jedoch der Sauerstoffgehalt wesentlich verringern. Mit einem Aquariumbelüfter läßt sich Abhilfe schaffen.
Bei Verwendung von Teich- oder Bachwasser müssen Gesamtsalzgehalt, Härte und pH-Wert kontrolliert werden. Es dürfen keine chemischen Verunreinigungen enthalten sein.

Das Gieß- oder Spritzwasser sollte Umgebungstemperatur haben. Spritzen an heißen Tagen mit sehr kaltem Wasser schadet den Orchideen. Folgeschäden wie Gewebeverfall oder verringertes Wachstum werden oft erst später bemerkt.

**Ernährung am heimatlichen Standort**

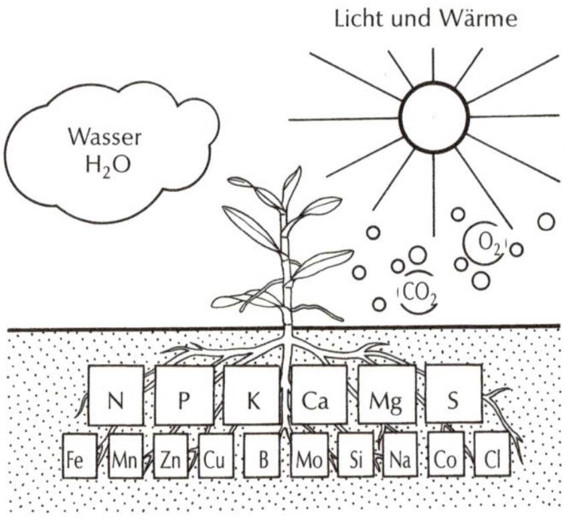


Was die Pflanze zum Leben braucht

**Düngung von Orchideen war früher umstritten**

## Ernährung

An den Heimatstandorten der Orchideen ermöglichen Auswaschungen aus der Atmosphäre, z. B. Stickstoffverbindungen, durch den Wind aufgewirbelter Staub, Exkremente von Tieren, verwesende Pflanzenteile u. a. die Existenz der Epiphyten – ein ständig fließender Nährstoffstrom.
Anfängern sei empfohlen, ein strukturstabiles Substrat zu verwenden, das beim Verrotten gleichmäßig geringe Nährstoffmengen abgibt. Wird mit aufbereitetem Wasser gegossen, gibt man schwache Düngergaben in relativ kurzen Abständen. Es darf nicht stark gedüngt werden, auch nicht in größeren Abständen. Verwendet man jedoch nährstoffarme Rinden-Torf-Poly-

styrol-Substrate und zum Gießen entsalztes bzw. enthärtetes Wasser, ist eine ausreichende Düngung für ein gesundes Pflanzenwachstum erforderlich.

**Bei Verwendung nährstoffarmer Substrate und enthärtetem Wasser ist Düngung unerläßlich**

Man unterscheidet zwischen Haupt- und Mikronährstoffen. Letztere heißen auch Spurenelemente.

**Haupt- bzw. Mikronährstoffe**

**Stickstoff – wichtigster Pflanzennährstoff**

Fehlt Stickstoff (N), so findet kein normales Pflanzenwachstum statt. Orchideen, die unter Stickstoffmangel leiden, erkennt man an einem ungenügend entwickelten Jahrestrieb und an einer hellgrünen bis gelblichen Farbe ihrer Blätter. Ebenso schädigend sind zu hohe Stickstoffgaben. Sie führen zur Verweichlichung des Pflanzengewebes und zur Verringerung der Widerstandskraft.

**Phosphor – fördert die Wurzelbildung und Blütenentwicklung**

Phosphor (P) fördert die Wurzelbildung, somit auch das Wachstum der Orchideen, und ist äußerst wichtig für die Blütenbildung. Lange anhaltende Temperaturen unter 10–12°C verursachen eine Unterversorgung , die man an einer rotvioletten bis tief purpurnen Verfärbung der Blätter, insbesondere der Blattunterseiten, erkennt. Diese seltene Erscheinung wird durch verstärkte Anthozyanbildung, Pflanzenfarbstoff, hervorgerufen. Phosphorüberschuß kann die Aufnahme der wichtigen Spurenelemente Kupfer und Zink verhindern.

# Wachstumsfaktoren

**Kalium erhöht u. a. Widerstandsfähigkeit**

K
Kalium

Ausreichende Kaliumgaben (K) fördern die Stoffwechselprozesse der Orchideen und erhöhen ihre Widerstandsfähigkeit gegen Krankheiten und Schädlinge. Trockenperioden werden besser überstanden. Kaliummangel wirkt sich negativ auf die Festigkeit des Pflanzengewebes aus und ruft Wachstumsstokkungen und Welkeerscheinungen der Blätter hervor.

**Kalk erhöht Verfügbarkeit anderer Nährstoffe**

Ca
Kalcium

Entscheidend für die Verfügbarkeit, d. h. die Aufnahmemöglichkeit der anderen Nährstoffe ist Kalzium (Ca). Durch zu viel Kalk wird z. B. das für die Stoffproduktion wichtige Spurenelement Eisen festgelegt bzw. gebunden und ist für die Pflanze nicht aufnehmbar. Kalzium beeinflußt die Zellvermehrung sowie die Zellstreckung und fördert somit das Wachstum, besonders auch das der Wurzeln.

**Magnesium wirkt regulierend auf die Stoffwechselprozesse**

Mg
Magnesium

Magnesium (Mg) beeinflußt die Stoffwechselprozesse. Bei starkem Mangel kommt es zu Aufhellungen der Blätter, wobei die Hauptadern und das umliegende Gewebe grün bleiben.

**Unentbehrlich für ein gesundes Pflanzenwachstum sind die Spurenelemente**

**Wichtige Mikronährstoffe sind:**
**Eisen (Fe)**
**Bor (B)**
**Kupfer (Cu)**
**Mangan (Mn)**
**Zink (Zn)**
**Molybdän (Mb)**

Eisen (Fe), Bor (B), Kupfer (Cu), Mangan (Mn), Zink (Zn), Molybdän (Mb) sind Spurenelemente. Sie wirken bereits in sehr geringen Mengen positiv auf den Stoffwechsel, das Wachstum und die Gesunderhaltung der Pflanzen.

*Düngen mit organischen Stoffen*

**Organische Düngung ist naturnah**

Die Anwendung organischer Dünger entspricht weitgehend den Verhältnissen am natürlichen Standort. Vorteile sind die gute Verträglichkeit bei genügender Verdünnung, wobei die Konzentration durch Wasserzugabe geregelt werden kann. Nachteilig ist der unbekannte Gehalt an Nährstoffen und deren Zusammensetzung.

**Aufbereitung des Düngers**

Der Dünger wird folgendermaßen aufbereitet: Kuh- oder Taubendung, bzw. Blutmehl oder Hornspäne werden mit Wasser angesetzt. Wenn der Gärprozeß abgeklungen ist, filtert man die festen Bestandteile ab. Die verbleibende Jauche wird mit Wasser bis zu heller Teefarbe verdünnt.

Eine Vorratsdüngung durch Zugabe von Nährstoffen in fester Form wie Horn-, Knochen- oder Blutmehl ist nur für Orchideen günstig, die humose Pflanzstoffe erhalten. Bei einem sich rasch zersetzendem Material lohnt sich eine solche Düngung nicht. Geflügeldung ist sehr stickstoffreich. Hier empfiehlt sich eine kombinierte organisch-anorganische Düngung. Dabei sollte der anorganische Dünger vorwiegend Phosphor und Kali enthalten.

**kombinierte organisch-anorganische Düngung**

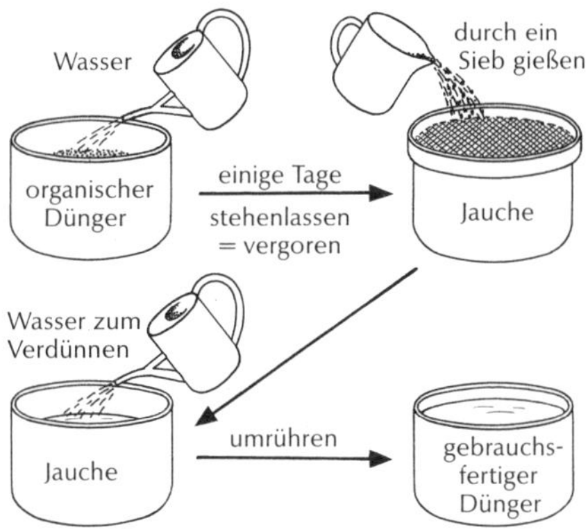


Reihenfolge der Aufbereitung von flüssigem, organischem Dünger

*Düngung mit anorganischen Stoffen*

**Anorganische Düngung → Vorteil = genaue Dosierung**

Die Verwendung anorganischer Stoffe zur Düngung hat den Vorteil der genauen Dosierung. Damit können die einzelnen Bestandteile des Düngers genau auf das Nährstoffbedürfnis der Pflanze abgestimmt werden. Je nach

# Wachstumsfaktoren

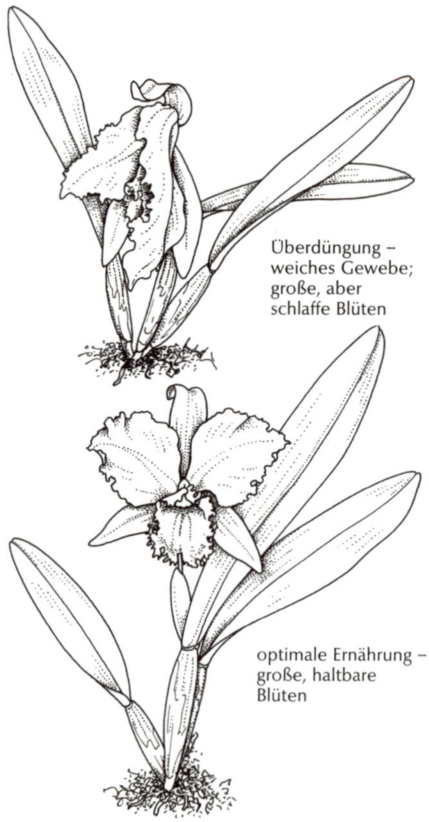


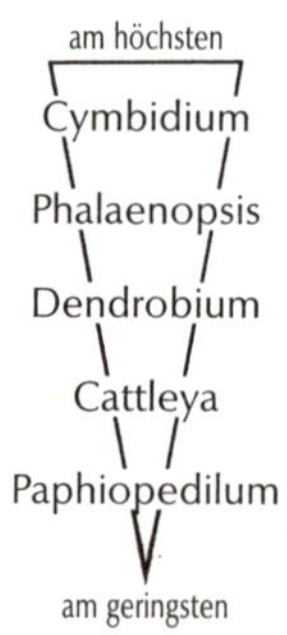


Reihenfolge wichtiger Gattungen nach Nährstoffbedarf und Salzverträglichkeit

**Rindensubstrate: höherer Stickstoffanteil**

Alter der Pflanzen, deren Entwicklungszustand und Pflanzstoff ist unterschiedlich zu düngen. Jungpflanzen bekommen in regelmäßigen Abständen eine stickstoffbetonte Düngung, ebenso Orchideen, bei denen sich der Neutrieb zeigt. Zum Triebabschluß gibt man mehr Phosphor und Kali. Orchideen in Rinden- bzw. Borkenpflanzstoffen brauchen einen höheren Stickstoffanteil.

**Besser öfter und schwächer konzentriert düngen**

**Blattdüngung**

**Langzeitdünger**

In der Hauptwachstumszeit ist es günstig, Nährlösung zu versprühen, da diese auch von den Blättern aufgenommen werden kann. Ist das Nährstoffbedürfnis einer Gattung oder Art groß, wird in der Regel auch ihre Salzverträglichkeit hoch sein. Die sogenannten Langzeitdünger auf Kunstharzbasis, bei denen an der Oberfläche ein Ionenaustausch stattfindet, verwendet man nur für gesunde, kräftige Pflanzen.

**Grundregeln**

Drei wichtige Grundregeln der Düngung sind zu beachten:

- Nur gesunde, gut bewurzelte Pflanzen düngen.
- Geringe Nährstoffgaben in häufigerer Wiederholung sind besser als zu hohe Konzentrationen nach längeren Pausen.
- Nur in der Wachstumsphase düngen, nie in der Ruhezeit.

# Langzeitversorgung der Orchideen

**Hydrokultur**
**Seite 52**

**Dochtkultur**
**Seite 56**

Langzeitversorgungssysteme haben das Ziel, die Pflanzen kontinuierlich mit Wasser und Nährstoffen zu versorgen. Zur kurzzeitigen Überbrückung der üblichen Pflege gibt es zahlreiche Maßnahmen. Viele Pflanzenfreunde verlassen sich z. B. während ihres Urlaubes auf die Wollfadenmethode. Dazu braucht man dicke Wollfäden und ein Gefäß mit Wasser. Ein Ende der Fäden, die vorher angefeuchtet werden, befindet sich im Pflanzstoff, das andere im Wasser. Die Wirkung beruht auf dem Kapillarprinzip, ein Faden ist ein ganzes Kapillarbündel. Je höher das Wassergefäß steht, je kürzer die Entfernung bis zur Pflanze und je dicker der Faden ist, um so stärker ist der Wasserstrom.
Im Handel werden zahlreiche praktische Systeme angeboten, z. B. Tonkegel, durch deren Wandung Wasser diffundiert, mit Abdeckkappe und Schlauch. Der Kegel wird bis zum Rand in den Pflanzstoff gesteckt. Der Schlauch leitet das Wasser zum Kegel. Er hängt in einem höher stehenden Gefäß mit Wasser. Ein System mit mehreren Kegeln bewässert gleichzeitig mehrere Töpfe. Einige Orchideen gleichzeitig kann man auch mit Bewässerungsmatten versorgen. Diese müssen gut angefeuchtet sein und direkten Kontakt zum Pflanzstoff haben. Sie liegen auf der Abdeckplatte eines dazugehörigen Wasserbehälters und werden durch Dochte feucht gehalten.
Zwei Methoden, die Hydro- und die Dochtkultur, werden näher erläutert. Eine ständige Kontrolle der Orchideen und ihrer Wurzeln bleibt jedoch unumgänglich.

# Langzeitversorgung

**Orchideen in Hydrokultur – kein Problem im Urlaub**

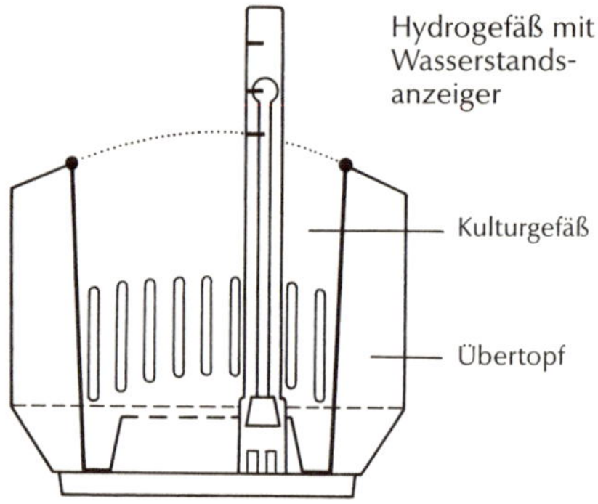


**Substrat**

**Hydrogefäße**

**Nährlösung**

**Nur kräftige, gesunde Pflanzen verwenden**

**Arbeitsweise beim Umsetzen auf Hydrokultur**

**▷ Exotische Orchideen zeigen im Tropenhaus ihre ganze Pracht**

## Hydrokultur

Die Hydrokultur hat sich zur Pflege von Zimmerpflanzen bestens bewährt. Statt des üblichen Pflanzstoffes verwendet man ein neutrales Substrat – meist Tonmineralien wie z. B. Blähton – das zum Verankern der Wurzeln dient. Auf dessen gute Qualität und chemische Indifferenz ist zu achten. Dieses Substrat befindet sich im Kultur- bzw. Einsatzgefäß mit einer Öffnung für den Wasserstandanzeiger sowie mit Schlitzen oder Löchern und wird dadurch von der Nährlösung im Übertopf gut durchfeuchtet. Die Pflanzen tauchen mit ihren Wurzeln in die Nährlösung ein. Für Orchideen ist diese Methode noch nicht sehr verbreitet, da nur wenige Erfahrungen vorliegen.

Die Umstellung auf Hydrokultur ist ein tiefer Einschnitt im Leben der Pflanze. Deshalb sollte man nur kräftige, gesunde Exemplare auswählen. Der beste Zeitpunkt ist der Beginn des neuen Wachstums, besonders der Wurzeln. Dies wird meist das Frühjahr sein. Folgende Arbeitsschritte sind nötig:

- Die Pflanze wird ausgetopft. Vorsichtig, ohne die Wurzeln zu verletzen, entfernt man den alten Pflanzstoff, die Reste durch gründliches Auswaschen, damit keine Fäulnis entsteht. Lösen sich einige Teile nicht von den Wurzeln, trennt man diese mit einem scharfen Messer ab.
- Die Orchidee mit gut ausgebreiteten Wurzeln wird zum Einsetzen in das

◁ **Orchideen im Wintergarten mit Pflanzen aus ihrer Umwelt haben einen besonderen Gestaltungswert**

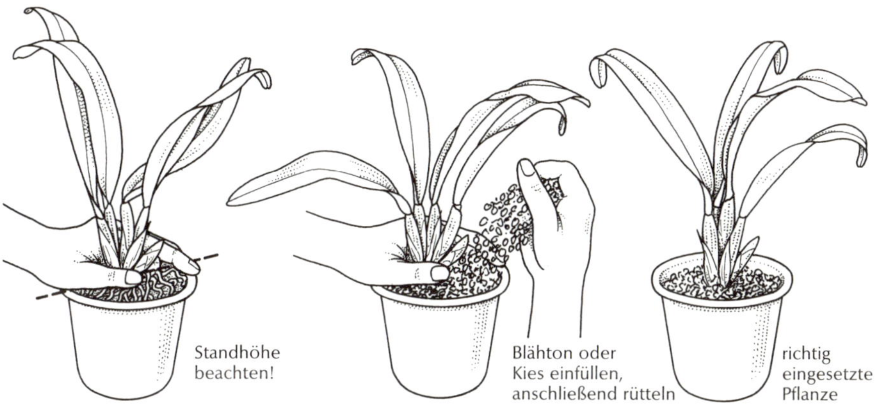


Hydrogefäß mit einer Hand in der richtigen Pflanzhöhe gehalten, mit der anderen Hand füllt man Substrat bis zum Rand des Gefäßes auf. Pflanze darf nicht zu tief stehen!

- Abschließend wird der Topf nochmal aufgestoßen, damit das Substrat auch in die Zwischenräume gelangt. Wenn die Pflanze aufrecht steht und Halt hat, ist sie richtig eingesetzt.

Entscheidend für den Erfolg der Kulturmethode ist die optimale Versorgung mit Wasser und Nährstoffen. Dazu können herkömmliche Nährlösungen hergestellt werden. Diese haben den Nachteil, daß sie in relativ kurzen Zeitabständen erneuert werden müssen. Infolge der ungleichmäßigen Nährstoffentnahme durch die Pflanze, aber auch durch Verdunstung ändert sich die Konzentration ständig.

**Ionenaustauscher – wirksam bis zu zehn Monaten**

Eine über längere Zeit gleichmäßige Versorgung der Orchideen mit Nährstoffen ist durch Ionenaustauscher auf Kunstharzbasis gewährleistet. Ein wesentlicher Vorteil dieser Dünger besteht darin, daß man unaufbereitetes, d. h. nicht enthärtetes oder entsalztes Wasser verwendet. Die Nährstoffe liegen als Ionen vor und sind bei Bedarf sofort verfügbar.

**Ernährung der Pflanzen**
**- Nährlösung**
**- Dünger auf Ionenaustauschbasis**

**Nährlösung nach etwa vier Wochen erneuern**

**Temperatur im Wurzelbereich**

**Fäulnisgefahr der Wurzeln**

Nur ein Teil der Wurzeln soll in die Nährlösung eintauchen, deren Temperatur für die meisten Orchideen nicht unter 20°C absinken darf, in Ausnahmefällen 18°C. Durch niedrigere Temperaturen kann es rasch zu Fäulniserscheinungen an den Wurzeln kommen. Der Nährlösungsstand wird möglichst niedrig gehalten, aber die Nährstoffaufnahme durch die Wurzeln muß gewährleistet sein.

# Langzeitversorgung

**Ruhezeit**

**Bewährte Orchideen sind:**
***Brassia* (Arten und Hybriden)**
***Brassocattleya***
***Brassolaeliocattleya***
***Cattleya* (viele Arten und Hybriden)**
***Dendrobium phalaenopsis***
***Encyclia cochleata***
***Lycaste skinneri***
***Miltonia* (Arten und Hybriden)**
***Oncidium* (viele Arten und Hybriden)**
***Paphiopedilum* (warm zu pflegende Arten und Hybriden)**
***Phalaenopsis* (Arten und Hybriden)**

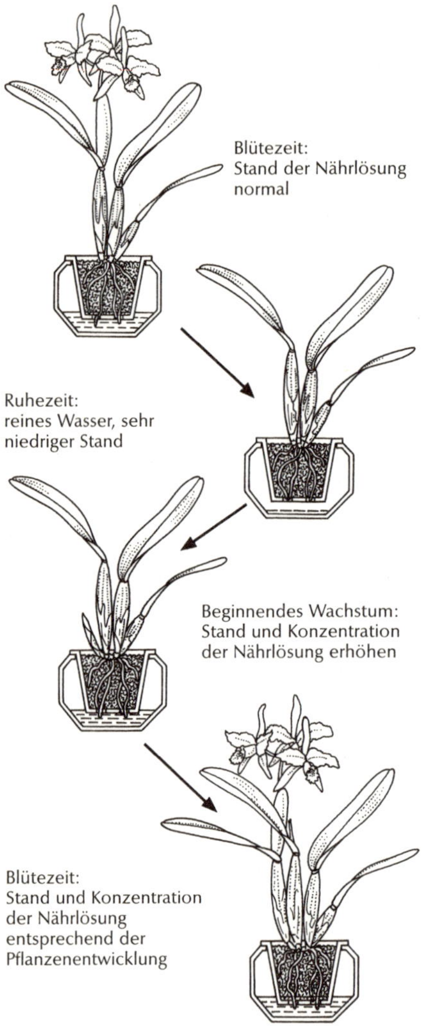


Vegetationsperiode und Ruhezeit bei Hydrokultur

Für Orchideen in Hydrokultur ist – artspezifisch – eine Ruhezeit ebenso erforderlich wie bei allen anderen Kulturmethoden. Während dieser Zeit gießt man die Nährlösung aus und befeuchtet das Substrat nur gelegentlich – etwa einmal in der Woche – mit enthärtetem Wasser. Im Übertopf kann sich noch etwas Wasser befinden. So wird die Luftfeuchtigkeit an den Wurzeln erhöht. Sie sollten aber während der Ruhezeit nicht in die Nährlösung eintauchen. Am Ende der Ruhezeit erhöht man allmählich wieder den Nährlösungsstand.
Es gehören ein gutes Einfühlungsvermögen und Erfahrung in der Orchideenkultur dazu, die Pflanzen gesund über diese Zeit zu bringen.
Günstig ist es, solche Orchideen in Hydrogefäßen zu pflegen, die keine oder nur eine angedeutete Ruhezeit verlangen.

## Dochtkultur

**Gute Pflegemethode für die Reisezeit**

**Einfache Dochtkultur – Feuchtigkeit vorwiegend im unteren Teil des Substrates**

Bei dieser Kulturmethode verbleibt die Orchidee in ihrem natürlichen Pflanzstoff. Durch die Bodenöffnung im Gefäß wird ein Docht, der den Pflanzstoff gleichmäßig mit Wasser und Nährstoffen versorgt, geführt. Er taucht in die Nährlösung ein. Durch Kapillarkraft steigt diese nach oben, befeuchtet den Pflanzstoff und gelangt so zu den Wurzeln. Der Topf mit dem Pflanzstoff darf nicht direkt mit der Oberfläche der Nährlösung im Vorratsbehälter in Berührung kommen.

# Dochtkultur

**Verbesserte Dochtkultur – gleichmäßige Verteilung der Feuchtigkeit**

Die von E. Wittkuhn propagierte Methode der Dochtkultur wurde durch H. Kuhn verbessert. Er verwendet fest in das Abzugsloch des Topfes eingepaßte Kunststoffschläuche. Darin befinden sich die Dochte, die an beiden Enden einige Zentimeter herausragen. Das eine Ende des Schlauches sitzt etwa im oberen Drittel des Pflanzgefäßes, das andere taucht in die Nährlösung ein. Der Vorteil besteht in einer besseren Verteilung der Feuchtigkeit im Pflanzstoff.

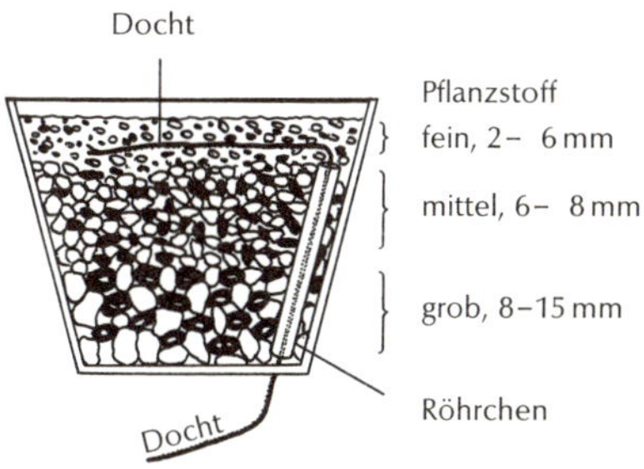


Substratbefeuchtung bei der Dochtkultur (nach Ortmann)

**Glasfaserdochte**

G. Ortmann verbesserte das Verfahren durch die Verwendung von Glasfaserdochten. Diese sind auch im trockenen Zustand ansaugfähig. Die Dochte werden durch Kunststofftrinkröhrchen gezogen, die 10 bis 15 mm kürzer als der Topf sind, und die Dochtenden wenige Millimeter unter der Substratoberfläche verteilt. Durch Länge, Stärke und Anzahl der Dochte wird die Feuchtigkeitsmenge geregelt.

**Regelung der Feuchtigkeitsmenge**

**Kombinierte Docht-Matten-Bewässerung**

Ortmann verwendet mit Erfolg auch eine kombinierte Docht-Matten-Bewässerung. Die Matten bestehen aus Glasfaser und werden zum Schutz gegen Algen mit schwarzer Nadellochfolie abgedeckt.

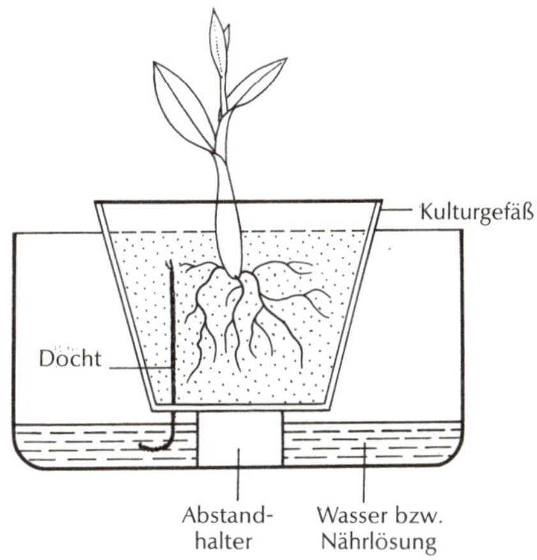


Dochtkultur mit Vorratsgefäß

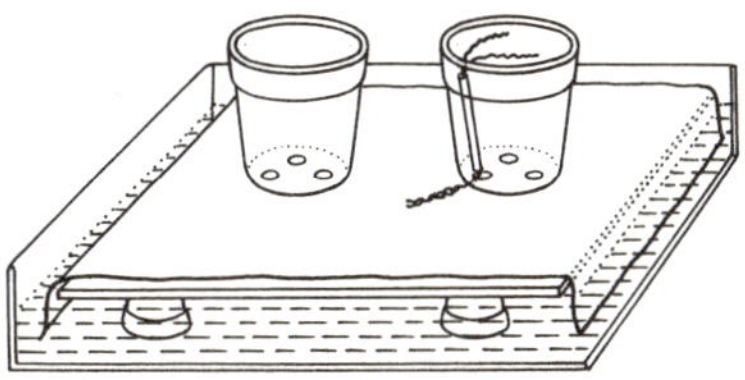

Kombinierte Docht-Matten-Bewässerung

# Zum Erwerb von Orchideen-Pflanzen

**Pflanzenauswahl Seite 59**

**Pflanzenmaterial Seite 61**

Der Wunsch, Orchideen zu pflegen, kann verschiedene Ursachen haben. Meist sind es ästhetische Beweggründe, die Schönheit und Eigenart der Blüten. Vielleicht ist es auch die Sehnsucht nach tropischen Fernen oder die besondere Lebensweise der Orchideen. Für manche mag auch ihr Wert ausschlaggebend sein, oder der Reiz, die Schwierigkeiten bei ihrer Kultur zu meistern.

In letzter Zeit ist die Pflege von Orchideen zum Hobby vieler Menschen geworden. Der Anfänger muß wissen, daß es Mühe und Anstrengung kostet, bis sich Erfolge einstellen. Für ihn sind besonders Pflanzen mit schönen Blüten begehrenswert. Damit jedoch die Freude ungetrübt bleibt, ist es besser, zunächst solche Orchideen zu kaufen, die man ohne Schwierigkeiten pflegen und zur Blüte bringen kann. Dazu gehört das Wissen um die jeweiligen Ansprüche der Pflanzen. Orchideen aus verschiedenen Klimazonen, also mit unterschiedlichen Temperaturansprüchen, können nicht auf engem Raum gemeinsam gepflegt werden. Auch die endgültige Pflanzengröße spielt eine Rolle.

Vor dem Kauf sollte feststehen, wo die Orchideen ihren zukünftigen Platz haben. Im Kapitel Unterbringung sind mögliche Pflegeräume besprochen. Sicher kommt am Anfang meist eine Pflege auf der Fensterbank in Frage.

Der beste Zeitpunkt zum Kauf von Orchideen für die Zimmerpflege ist das Frühjahr, aber auch Sommer und Herbst sind noch günstig. Im Winter kann es Probleme bei der Umstellung auf trockene Heizungsluft geben.

# Pflanzenauswahl

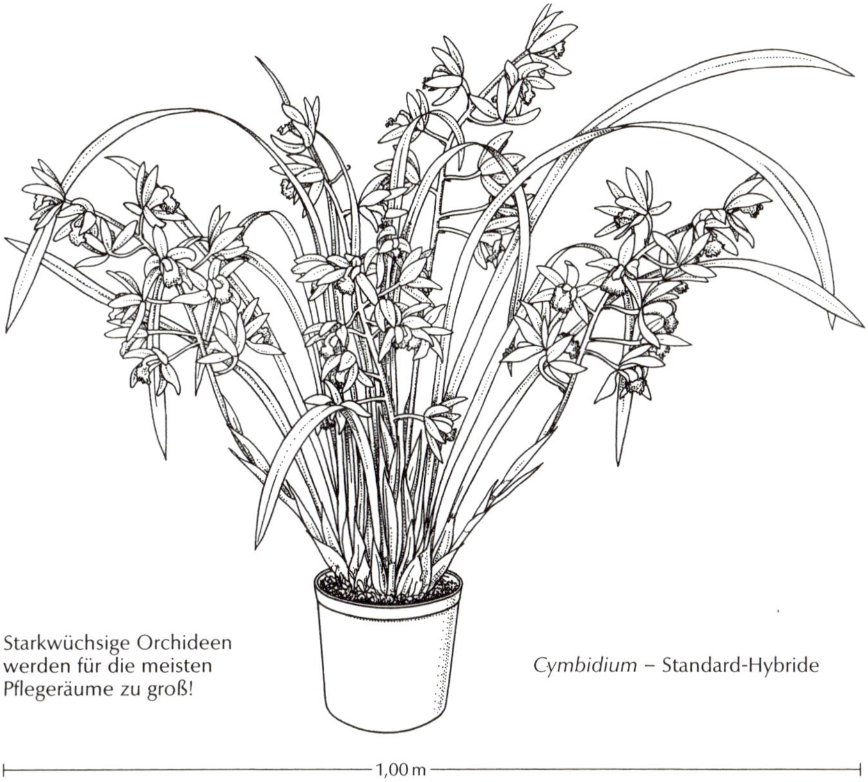


Starkwüchsige Orchideen werden für die meisten Pflegeräume zu groß!

*Cymbidium* – Standard-Hybride

Orchideen sind entsprechend ihrer Wärmebedürfnisse bzw. der Bedingungen am heimatlichen Standort kalt, temperiert oder warm zu pflegen. Steht nur ein Pflegeraum zur Verfügung, sollte man möglichst Orchideen mit gleichen oder ähnlichen Temperaturansprüchen erwerben. Wenn nur ein Südfenster vorhanden ist, erscheint es abwegig, kühl zu haltende Arten zu kaufen.

Mitbestimmend bei der Pflanzenauswahl ist der Platzbedarf. Schon vor dem Kauf sollten entsprechende Überlegungen stattfinden. Starkwüchsige Arten benötigen viel Platz und sind deshalb mit zunehmender Größe kaum oder nur kurzzeitig in kleineren Pflegeräumen zu halten. Während man von kleinwüchsigen Arten auf engem Raum bereits eine ganze Sammlung unterbringen kann, entwickeln

**Temperaturansprüche der Orchideen → Wachstumsfaktoren S. 38**
**Unterbringung → S. 64**
**Platzbedarf beachten**

**Stark wachsende Orchideen**
- ***Cymbidium*-Standard-Hybriden**
- ***Vanda tricolor* u. a.**

# Erwerb von Orchideen

sich hier unter Umständen nur zwei bis drei große Pflanzen.

**Blütezeit**

Oft spielt auch die Blütezeit bei der Auswahl von Arten oder Hybriden eine Rolle. Nicht immer sind alle Wünsche erfüllbar, besonders wenn die Pflege im Zimmer erfolgen soll. Spätherbst

**Umweltbedingungen im Zimmer**

und Winter bringen ein sehr geringes Lichtangebot, trockene Heizluft und relativ hohe Raumtemperaturen mit sich. Ohne Zusatzlicht, ohne Möglichkeiten zur Erhöhung der Luftfeuchte und ohne ausreichende Belüftung wirken diese Faktoren negativ auf die Blütenbildung oder verhindern sie sogar. In den Sommermonaten können die Orchideen durch übermäßige Wärme hinter den Fensterscheiben und hohe Sonneneinstrahlung rasch verblühen.

**Blütenfarbe**
- **bei Arten und Varietäten vorher bekannt**
- **bei Hybriden meist unbestimmt**

*Phalaenopsis*-Hybride

Auswahlkriterien sind Farbe, Form, Größe der Blüten u. a.

Viele Orchideenfreunde werden auch die Blütenfarbe als Auswahlkriterium betrachten. Arten und ihre Varietäten sind in den Farben weitgehend beständig, so daß man auch beim Erwerb nichtblühender Exemplare mit ziemlicher Sicherheit den gewünschten Farbton erhält. Lediglich Licht und andere Kulturbedingungen können die Farbintensität beeinflussen. Die Gewißheit einer bestimmten Blütenfarbe entfällt jedoch bei Hybriden, besonders bei Mehrfachkreuzungen. Bei diesen variieren die Nachkommen nicht nur in der Blütenfarbe, sondern auch in der -form und -größe.
Um sich einen besonderen, vorher genau bestimmten Blütenwunsch zu er-

füllen, gibt es zwei Möglichkeiten. Die erste ist der Erwerb blühender Exemplare. Eine weitere Möglichkeit besteht im Kauf von Orchideen, die nach der Gewebekultur (Meristemmethode) vermehrt wurden. Man kann sich anhand des Namens informieren, wie die Blüte aussehen wird, da nach dieser Vermehrungsmethode immer wieder gleiche Pflanzen entstehen.

**Blütenwunsch in Form und Farbe ist erfüllbar**

Den Pflanzennamen sollte man bei jeder neu erworbenen Orchidee erfragen, um sie entsprechend ihren Bedürfnissen zu pflegen und die Merkmale wie Blütenfarbe, Wuchsform u. a. zu kennen.

Hinter dem Artnamen steht der Sortenname in einfachen Anführungszeichen, z. B. *Cattleya trianaei* 'Mooreana', ebenso bei Hybriden z. B. *Laeliocattleya* Schöne von Crimmitschau 'Rotgold'.

**Artname**
**→ Seite 19**

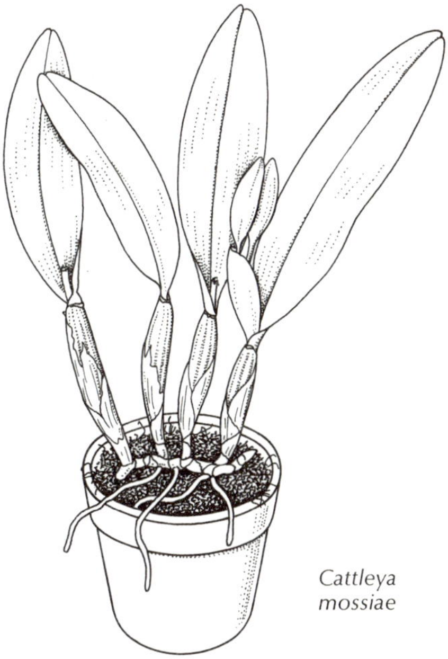


Anfänger sollten nur kräftige Pflanzen möglichst mit Knospen oder Blüten erwerben

Beim Kauf von Orchideen ist neben der Eignung für die vorhandenen Pflegeräume auch das Entwicklungsstadium der Pflanze von großer Bedeutung. Besonders Anfänger sollten darauf achten, keine Jungpflanzen oder schwache, kränkliche Exemplare zu erwerben, sondern besser kräftige und gesunde Orchideen, möglichst im blühfähigen Alter oder mit Blütenansatz.

**Erwerb von Pflanzen in unterschiedlichen Entwicklungsstadien**

Mit Teilstücken oder kräftigen Rückbulben, die jedoch zwei bis drei Jahre Geduld bis zum ersten Blühen erfordern, läßt sich der Bestand recht preiswert erhöhen. Zur Pflege derartiger

**Teilstücke oder Rückbulben blühen nach 2–3 Jahren**

# Erwerb von Orchideen

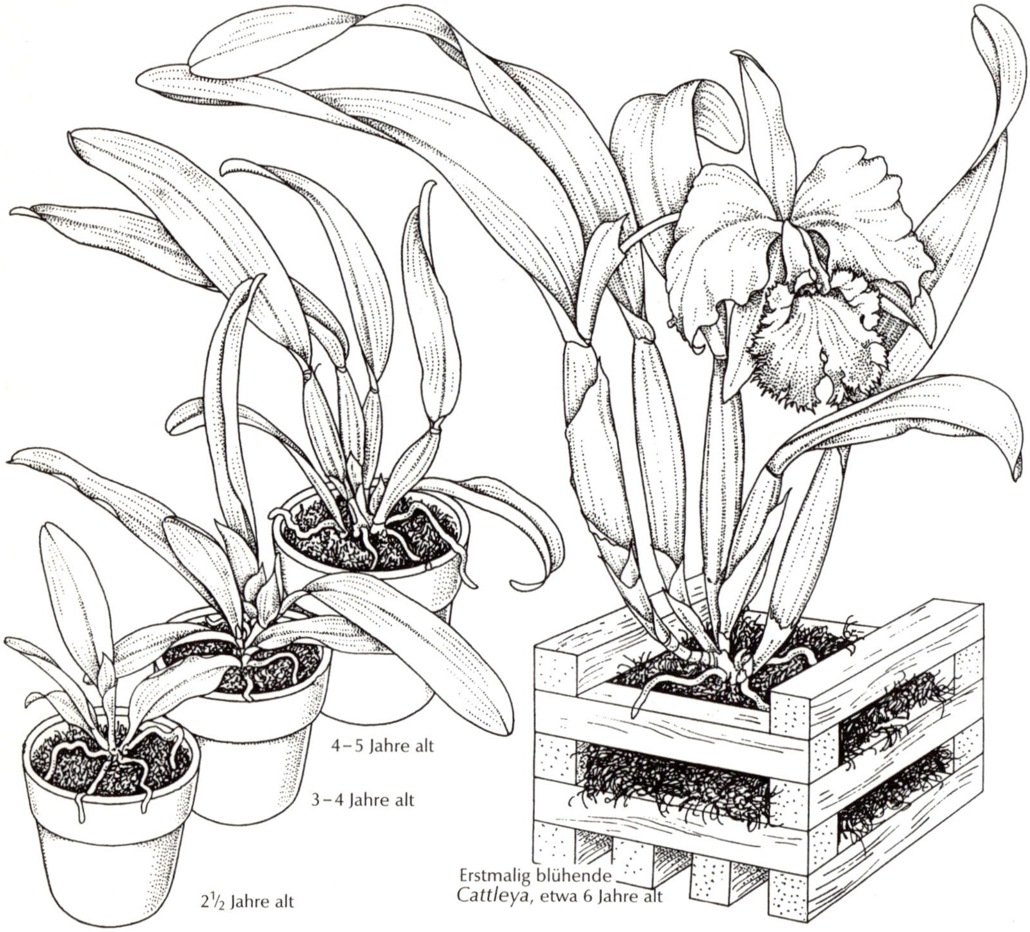


**Ruhende Pflanzen oder solche mit Neutrieb gewöhnen sich am besten ein**

Pflanzen gehören allerdings einige Erfahrungen.
Ebenso ist es nicht ganz leicht, die Blüten im Aufblühen begriffener oder bereits blühender Orchideen lange zu erhalten. Anfänger in der Orchideenpflege können auch mit Pflanzen beginnen, die noch ruhen oder noch besser gerade den Neutrieb entwickeln. Diese gewöhnen sich am besten an neue Umweltbedingungen.
Beim Überleiten in die Zimmerpflege besteht das größte Risiko. In Pflanzenfenstern, Vitrinen, Gewächshäusern oder Wintergärten treten die wenigsten Anpassungsschwierigkeiten auf.

**Anfänger oder perfekt in der Orchideenkultur?**

Für wen sind bestimmte Pflanzen oder Entwicklungsstadien am besten geeignet:

- Anfänger
  Kräftige, gesunde Pflanzen einfach zu pflegender Arten und Züchtungen im blühfähigen Alter mit einheitlichen Temperatur- und Lichtansprüchen.
- Fortgeschrittene
  Jüngere, halbentwickelte Pflanzen, Arten und Hybriden mit etwas höheren Pflegeansprüchen sowie differenziertem Wärme- und Lichtbedarf.
- Erfahrene
  Jungpflanzen zur Weiterkultur sowie Rückbulben und Teilstücke, Arten und Hybriden mit hohen Pflegeansprüchen.
- Perfekte
  Jungpflanzen in Flaschen zur Aufzucht in Gemeinschaftstöpfen, seltene Arten oder kostbare und wertvolle Hybriden, aber auch historisch wertvolle Züchtungen, deren Eltern verlorengegangen sind, und die nur noch in wenigen Exemplaren existieren.

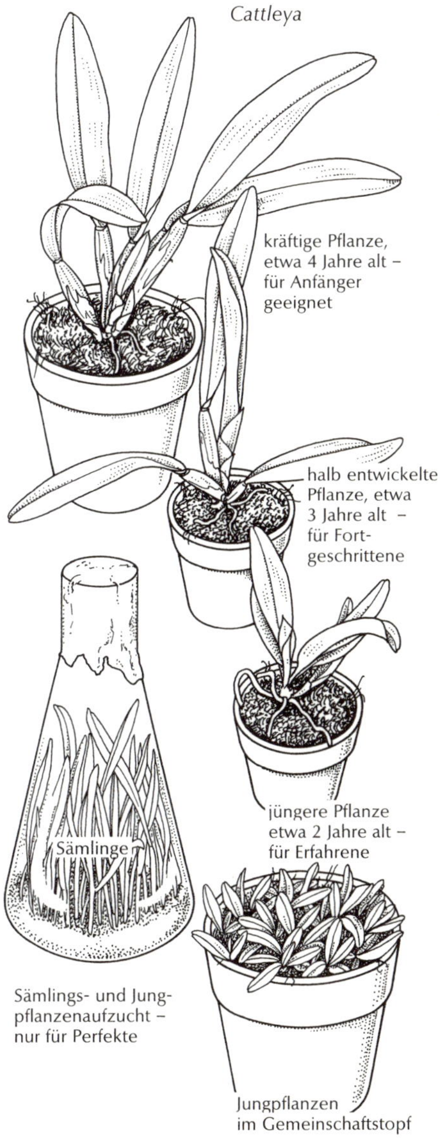

# Die Unterbringung

**Fensterbank**
**Seite 65**

**Vitrine**
**Seite 68**

**Pflanzen-fenster**
**Seite 74**

**Veranda, Balkon, Loggia**
**Seite 76**

**Wintergarten**
**Seite 77**

**Gewächshaus**
**Seite 78**

**Kellerkultur**
**Seite 81**

**Folienzelt**
**Seite 82**

**Sommer-standorte**
**Seite 83**

Für die Pflege von Orchideen sind folgende Unterbringungsmöglichkeiten geeignet:

Fensterbank
Pflanzenvitrine
Pflanzenfenster
Verglaste Veranda, Balkon bzw. Loggia
Wintergarten
Kleingewächshaus
Keller
Folienzelt
Sommerstandorte im Freien

Um günstige Umweltbedingungen zu schaffen, können die Kulturräume mit den verschiedensten technischen Ausrüstungen versehen werden. Sie allein garantieren jedoch noch keine Erfolge bei der Pflanzenpflege, ebensowenig wie eine vollautomatische Steuerung aller Wachstumsfaktoren. Gute Ergebnisse hinsichtlich Wachstum und Blühleistung stellen sich erst ein, wenn die Ansprüche der Orchideen artspezifisch und individuell berücksichtigt und für den zur Verfügung stehenden Kulturraum die richtigen Pflanzen ausgewählt werden.

In den folgenden Ausführungen können nur die grundsätzlichen Bedingungen in den einzelnen Kulturräumen dargestellt werden. Daraus sind individuelle Pflegemaßnahmen abzuleiten.

Die in den Pflanzenlisten aufgeführten Arten stellen Empfehlungen dar, die keineswegs vollständig sind.

## Fensterbank

Für die Pflege von Orchideen auf der Fensterbank hat die Himmelsrichtung entscheidende Bedeutung. Nord-, auch Nordwest- und Nordostfenster, eignen sich für Orchideen, die Schatten lieben oder vertragen wie Arten aus den Nebelwaldzonen, die eine gleichmäßig feuchte, kühle Atmosphäre bevorzugen. Der Standort darf jedoch, z. B. durch Bäume vorm Haus, nicht zu dunkel und im Winter durch hohe Heizwärme nicht zu warm und lufttrocken sein.
Südfenster erfordern im Frühjahr, Sommer und teilweise auch noch im Herbst während der Mittagsstunden unbedingt eine ausreichende Schattierung, da die sonst entstehende Hitze den Orchideen schaden könnte.

Gut geeignet besonders für wärmeliebende und auch etwas Sonne vertragende Orchideen sind Ost-, Südost-, Südwest- und Westlagen, jedoch kann auch hier eine Schattierung zeitweise notwendig werden. Eine Markise vor dem Fenster verhindert direkte Sonneneinwirkung, gibt auch reichlich indirektes Licht und ist damit sehr günstig für das Pflanzenwachstum. Jalousien vor dem Fenster im Raum sind zwar brauchbar, benötigen aber viel Platz. Zu empfehlen sind Außenjalousien, durch deren Lamellen sich der Lichteinfluß regeln läßt. Der Raum zwischen Außenschattierung und Glasscheibe wirkt als Luftpolster und gleicht die

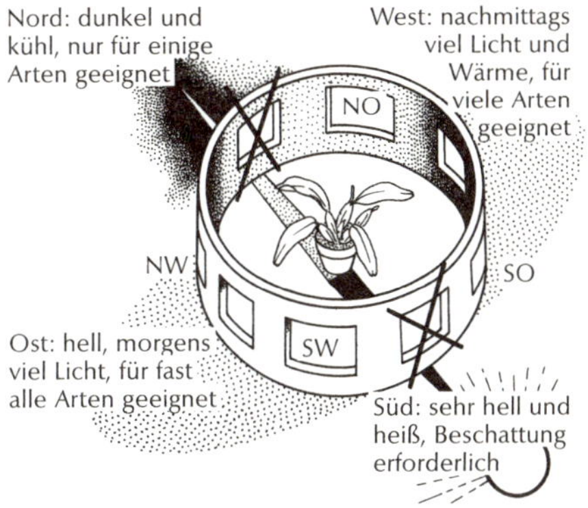


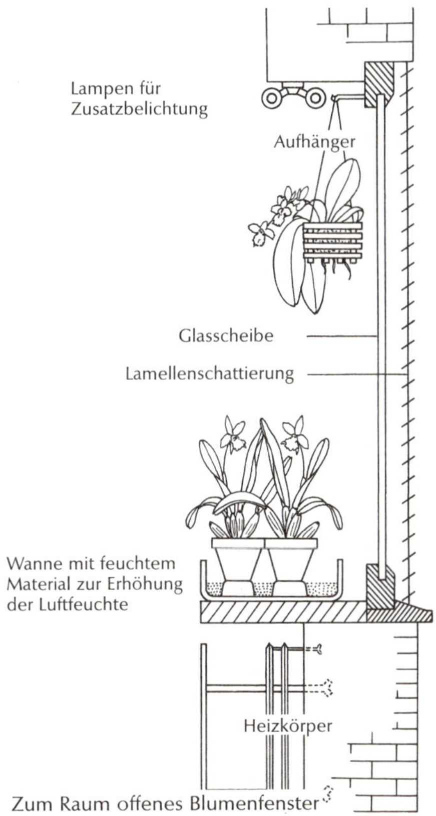


**Himmelsrichtung**

**N-, NW- und NO-Fenster – für Orchideen, die es kühl, feucht und schattig lieben**

**S-Fenster – Beschattungseinrichtung erforderlich**

**O-, SO-, SW- und W-Fenster eignen sich gut**

**Markisen**

**Jalousien sollten außen angebracht sein**

**Besonders im Winter günstig**

# Die Unterbringung

**Aufstellen der Pflanzen**

**Luftfeuchtigkeit → S. 39**

Aufstellung auf dem Fensterbrett

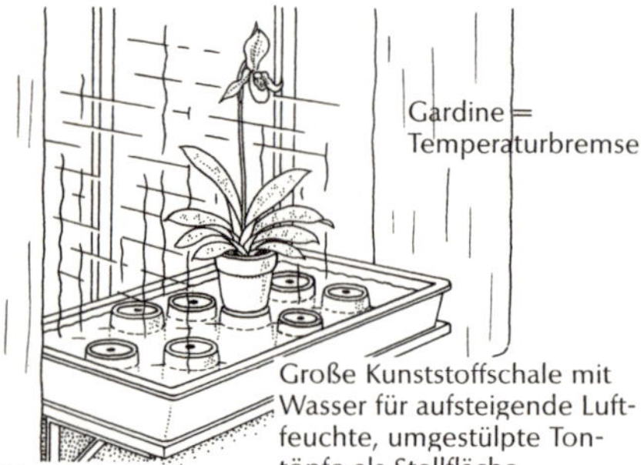


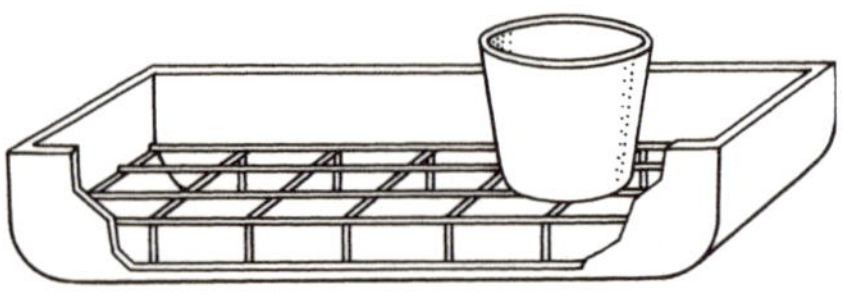

Verdunstungsschale mit Gitterrost

**Wohnraumklima beschränkt die Auswahl geeigneter Orchideen**

**Ruheperiode**

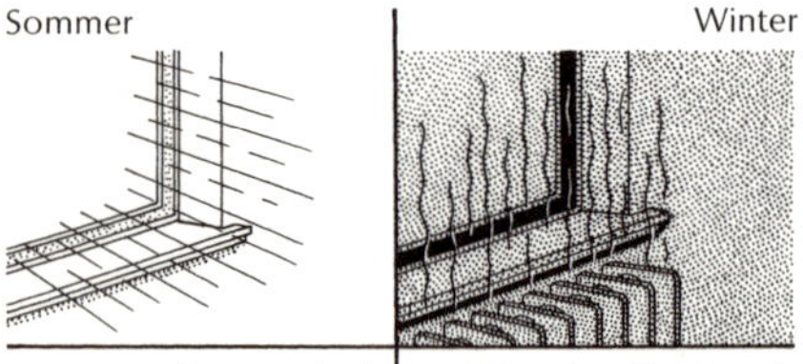


Klimatische Verhältnisse im Zimmer

Temperaturdifferenz zwischen innen und außen aus. Gleichzeitig kann in kalten Winternächten die Wärmeabstrahlung eingeschränkt und Energie gespart werden.

Meist wird eine Verbreiterung der Fensterbank erforderlich sein, die den Pflanzen genügend Raum gewährt. Diese dürfen nicht zu nahe an der Glasscheibe stehen, um Unterkühlungen zu vermeiden.
Die Luftfeuchtigkeit kann man erhöhen, indem die Orchideen möglichst lückenlos nebeneinander in flache, mit Wasser gefüllte Schalen auf umgekehrte Blumentöpfe gestellt werden. Blähton, Kies und ähnliches Material vergrößern die Oberfläche und erhöhen damit die Verdunstung. Durch die enge Gemeinschaft hält die Luftfeuchtigkeit nach dem Sprühen im Bereich der Pflanzen länger an. Man kann auch spezielle Verdunstungsschalen, meist mit Gittereinsatz, verwenden. Die Pflanzgefäße bzw. Pflanzen dürfen keinesfalls im Wasser stehen.

Auf dem Fensterbrett sind die Pflanzen trotz aller Maßnahmen zur Erhöhung der Luftfeuchtigkeit unmittelbar dem Einfluß des Wohnraumklimas ausgesetzt. Dadurch bleibt die Anzahl geeigneter Arten beschränkt. Viele Orchideen verlangen eine kühle Ruheperiode. Solche Ansprüche stehen im Gegensatz zu den Verhältnissen eines Wohnzimmers. Die Pflanzen müssen, sobald der Jahrestrieb ausgereift ist, in einen kühleren Raum gebracht werden. Bleiben sie im warmen Zimmer, wachsen sie meist weiter, d. h. sie bilden oft neue Triebe und blühen kaum.

**Lüften**

Erfolgt das Lüften durch Öffnen der Fenster, kann die kühle Luft, besonders bei sehr niedrigen Außentemperaturen, den Pflanzen schaden. Zugluft ist unbedingt zu vermeiden.

**Gardinen**

Gardinen oder Vorhänge kann man als Temperaturbremsen betrachten. Sie schirmen die Orchideen vor allzu hoher Zimmerwärme ab.

**Zusatzbelichtung**
→ S. 37

Zusatzbelichtung im Winterhalbjahr fördert das Wachstum bzw. das Wohlbefinden der Orchideen wesentlich. Besonders abends oder an dunklen Tagen kann man damit auch einen nicht zu unterschätzenden Schaueffekt des Fensters erreichen.

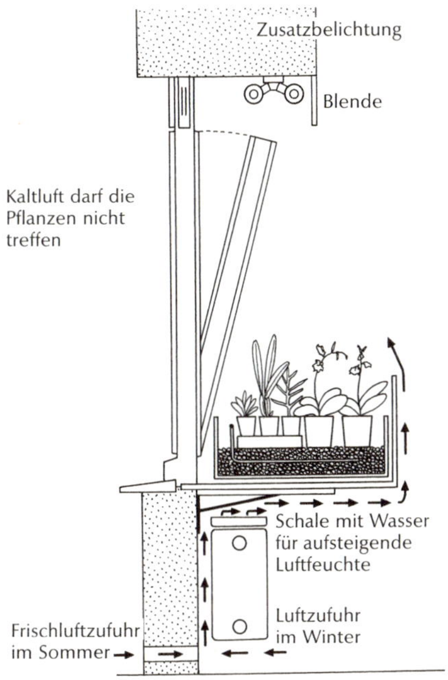


Orchideenpflege in einer Pflanzenwanne auf verbreiteter Fensterbank

Für die Auswahl zur Pflege auf dem Fensterbrett sind die Himmelsrichtung und die Raumtemperatur ausschlaggebend.

Zu empfehlen sind für:

| Warme Räume und Fenster nach SO, S, SW, W | | Kühle Räume und Fenster nach NW, N, NO, O | |
|---|---|---|---|
| *Ansellia africana* | *Meiracyllium wendlandii* | *Brassia verrucosa* | *Maxillaria meleagris* |
| *Bifrenaria harrisoniae* | *Mormolyca ringens* | *Calanthe vestita* | *Maxillaria tenuifolia* |
| *Brassavola nodosa* | *Oncidium carthagenense* | *Cattleya bowringiana* | *Miltonia flavescens* |
| *Cattleya*-Arten | *Oncidium cavendishianum* | *Cattleya forbesii* | *Oncidium forbesii* |
| *Coelogyne massangeana* | *Oncidium harrisonianum* | *Chysis bractescens* | *Oncidium flexuosum* |
| *Cymbidium aloifolium* | *Oncidium leucochilum* | *Coelogyne cristata* | *Oncidium ornithorhynchum* |
| *Dendrobium chrysotoxum* | *Oncidium microchilum* | Mini-*Cymbidium* | *Osmoglossum pulchellum* |
| *Encyclia*-Arten | *Paphiopedilum*-Arten warm zu pflegende | *Encyclia cochleata* | *Paphiopedilum*-Arten kühl zu pflegende |
| *Laelia albida* | *Phalaenopsis*-Arten | *Encyclia fragrans* | *Polystachya ottonis* |
| *Laelia autumnalis* | *Trigonidium egertonianum* | *Encyclia mariae* | *Rossioglossum grande* |
| *Maxillaria luteo-alba* | *Trudelia (Vanda) cristata* | *Laelia anceps* | *Stanhopea*-Arten |
| *Maxillaria picta* | *Vanda coerulescens* | *Laelia gouldiana* | |
| *Maxillaria porphyrostele* | | *Maxillaria cucullata* | |

# Die Unterbringung

**Durch Abtrennung vom Wohnraumklima viele Vorteile**

**Nachteilig ist geringer Rauminhalt**

**Orchideen mit ähnlichen Ansprüchen an die Umwelt**

Tropicarium

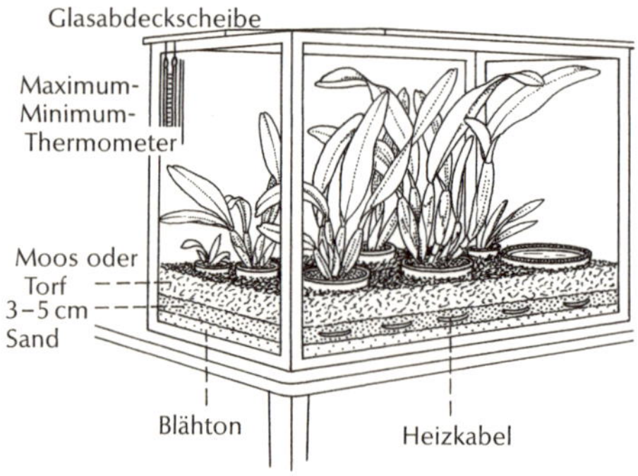


Beheizbares Aquarium als kleine Pflanzenvitrine für unbeheizte Räume

## Pflanzenvitrine

Um die für Orchideen ungünstigen Bedingungen des Wohnklimas – wie zu trockene Luft, überhöhte Wärme und Staubablagerung – von den Pflanzen fernzuhalten, kann man sie in einer Vitrine pflegen. Neben der Schaffung eines günstigen Kleinklimas können auch aus ästhetischen Gründen dekorative Pflanzen aus der Umwelt der Orchideen, z. B. Bromelien, mit diesen zusammen gepflegt werden. Solch eine Pflanzenvitrine wird oft auch als Tropicarium bezeichnet. Dies setzt jedoch die Gemeinschaft vieler Tropenpflanzen als Biotop voraus. In einer Vitrine pflegt man Arten, die in ihren Ansprüchen an Temperatur, Licht und Luftfeuchtigkeit sowie in ihrem Wachstumsrhythmus weitgehend übereinstimmen. Orchideen, die eine ausgeprägte Ruheperiode verlangen, müssen in dieser Zeit herausgenommen und in einem kühlen Raum untergebracht werden. Wenn die Vitrine in einem unbeheizten oder relativ kühlen Zimmer steht, können solche Arten auch während ihrer Ruhezeit in der Vitrine verbleiben. Am besten ist es, man pflegt dann in einer solchen Vitrine nur Arten, die ein kühles und feuchtes Klima bevorzugen.

**Lichtverhältnisse**

**Zusatzbelichtung meist erforderlich**

Man sollte Pflanzenvitrinen möglichst so aufstellen, daß sie Tageslicht erhalten. Reicht dieses nicht aus, ist eine Zusatzbelichtung erforderlich. Wieviele Leuchtstoffröhren man braucht, richtet sich nach der Größe der Vitrine und dem Lichtbedarf der darin gepflegten Orchideen. Zu beachten ist, daß auch die Pflanzen auf dem Boden der Vitrine noch genügend Licht erhalten. Reflektoren über den Leuchtstoffröhren dienen als Blendschutz und zur besseren Ausnutzung des Lichtes.

Die Lampen sollten außerhalb der Vitrine angebracht werden, um eine Wärmestrahlung im Kulturraum und damit ein Überhitzen zu vermeiden. Steht die Vitrine in einem wenig oder ungeheizten Raum, können innen angebrachte, feuchtraumgeschützte Lampen eine Zusatzheizung ersetzen. In beheizten Wohnräumen erübrigt sich diese.

Für höhere Vitrinen ist ein Epiphytenstamm vorteilhaft. Neben der Schauwirkung erhalten auch kleinwüchsige und Orchideenjungpflanzen, die möglichst im oberen Teil des Stammes angebracht werden, ausreichendes Licht. Der Boden der Vitrine wird dann mit schattenliebenden Bodendeckerpflanzen, z. B. kleinwüchsigen Farnen, Moosfarn bzw. Mooskraut (*Selaginella*-Arten), Mini-Usambaraveilchen u. a. bepflanzt.

Vorteilhaft für die Durchführung von Reinigungsarbeiten und zum Auswechseln des Substrates ist eine transportable Pflanzenwanne. Darin können Orchideen mit ihren Gefäßen eingesenkt werden. Man verwendet entweder ein grobes Torfkultursubstrat, das man mit etwa 1/3 Sand mischt, oder

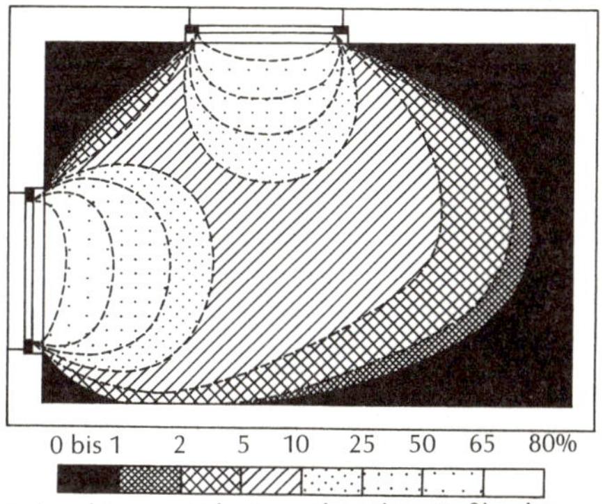


Beleuchtungsstärke 1 m über dem Fußboden (Zimmer 4,20 x 6,40 m, Fensterhöhe 1,50 m, Fensterbreite 2 m) bei Lichtverhältnisse (in % des Außenlichtes) an SO- und NO-Fenster in 1. Etage (niedriges Haus 20 m von SO-Fenster entfernt)

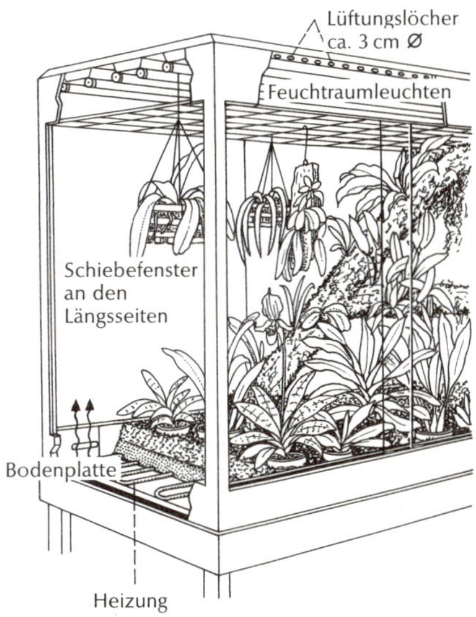


Vitrine nach Krieger
Zur Ausrüstung gehören:
Regelung für Raum- und Bodentemperatur, Hygrostat, Maximum-Minimum-Thermometer, Hygrometer und Luftbefeuchter

**Reflektoren erhöhen die Lichtausbeute**

**Wärmestrahlung der Lampen beachten!**

**Epiphytenstamm**

**Schattenliebende, kleinwüchsige Pflanzen als Bodendecker**

**Günstig ist eine transportable Pflanzenwanne**

# Die Unterbringung

**Pflanzstoffe → Umpflanzen S. 86**

**Drainageschicht**

**Pflanzen stehen auf Rost über Wasser oder feuchtem Moos**

▷ **Wüchsig ist *Paphiopedilum* 'Atlantis', das auf langen Stielen willig große Blüten entwickelt**

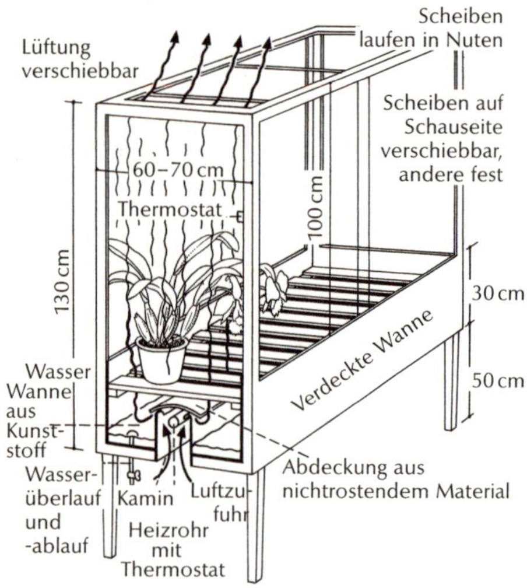


Vitrine für Tropenpflanzen (nach Linz)

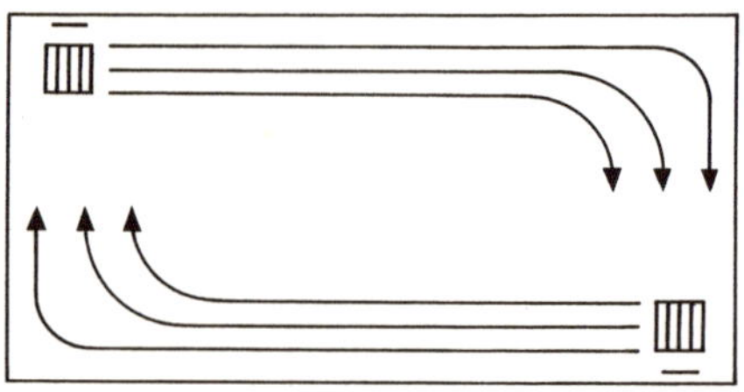

Luftumwälzung in Vitrine (Draufsicht)

Blähton. Auch Kies, der nicht zu grob sein sollte, ist geeignet. Sein hohes Gewicht ist zu beachten.

In der Pflanzenwanne können die Orchideen auch ausgepflanzt werden. Das Substrat zum Auspflanzen richtet sich nach der vorgesehenen Bepflanzung, also nach den Orchideengattungen bzw. Arten, die man in der Vitrine unterbringen möchte. Es sollte grob, durchlässig und möglichst strukturstabil sein, leicht sauer reagieren (pH = 5 bis 5,5) sowie ein gutes Pufferungsvermögen aufweisen. Zum Vorbeugen gegen Fäulnis mischt man etwas zerkleinerte Holzkohle darunter.

Wichtig ist eine ausreichende Drainage. Dazu kommt auf den Boden der Pflanzwanne eine mindestens 5 cm dicke Schicht aus Kies, Blähton oder aufgeschäumtem Polystyrol in Form von groben Flocken bzw. Orchid-Chips. Zum Auspflanzen eignen sich beispielsweise *Phalaenopsis*-Arten und Hybriden, *Doritis*, *Doritaenopsis*, aber auch *Paphiopedilum* der warmen Gruppe. Bei letzteren sollte die Substrathöhe relativ gering gehalten werden.

Eine andere Möglichkeit besteht darin, die (wasserdichte) Wanne mit Wasser zu füllen oder die verdunstende Oberfläche durch Moos bzw. ähnliche Materialien zu vergrößern und die Pflanzgefäße auf einen darübergelegten Rost aus Plast oder Holz zu stellen. Wichtig ist ein gut schließender Abflußhahn zum Ablassen von überschüssigem

Wasser. Wanne und Rost sollten von außen nicht zu sehen sein. Dies erreicht man durch eine an der Vitrine angebrachte Blende.

**Be- und Entlüftung verhindert Bildung von »dumpfer« Luft**

Besonders wichtig ist die Be- und Entlüftung einer Vitrine. Aus dem Zusammenwirken von Wärme und Feuchtigkeit ohne Luftwechsel entsteht leicht dumpfe Luft. Ein öfterer Luftwechsel ist unbedingt erforderlich, sonst können Krankheiten und Schädlinge, besonders Pilz- und Bakterienbefall die Folge sein.

**Zugluft vermeiden!**

Die Lufterneuerung erfolgt durch verschiebbare Schlitze am Boden und im Oberteil der Vitrine oder einfach durch das Öffnen der Schiebetüren. Zugluft darf nicht entstehen. Damit sich trotz Lüftung kein Wärmestau in einem Teil der Vitrine bildet, sind kleine Ventilatoren zur diagonalen Luftumwälzung anzubringen. So erreicht man eine gleichmäßige Temperaturverteilung.

**Diagonale Luftumwälzung**

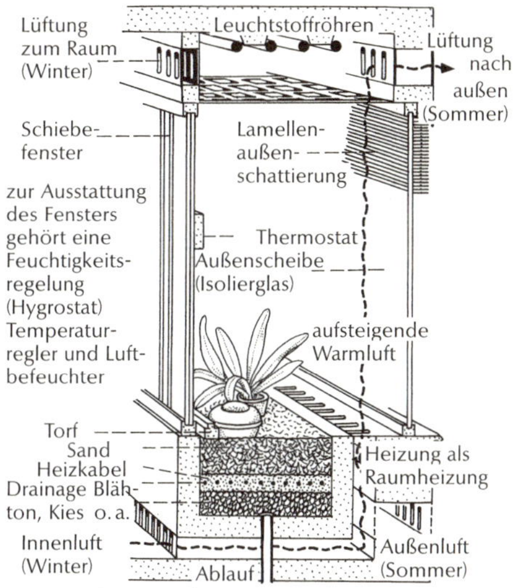


Tropenfenster (ohne Wasserwanne)
(nach Krieger)

Für Pflanzenvitrinen eignen sich besonders kleinwüchsige Orchideen sowie deren Hybriden und Gattungsbastarde, z. B.:

| | | | | | | | |
|---|---|---|---|---|---|---|---|
| wt | *Amesiella philippinense* | t | *Dendrochilum*-Arten | tw | *Lanium avicula* | tw | *Oncidium micropogon* |
| w | *Angraecum distichum* | tw | *Dinema*-Arten | tw | *Leptotes*-Arten | tw | *Oncidium pumilum* |
| tw | *Aspasia*-Arten | tw | *Doritis pulcherrima* | tw | *Lockhartia*-Arten | tw | *Ornithophora radicans* |
| t | *Barbosella*-Arten | t | *Epidendrum ciliare* | t | *Maxillaria meleagris* | tw | *Pabstia jugosa* |
| tw | *Brassavola*-Arten | t | *Gomesa*-Arten | wt | *Maxillaria sophronitis* | t | *Palumbina candida* |
| tw | *Bulbophyllum*-Arten | t | *Gongora armeniaca* | tw | *Maxillaria tenuifolia* | wt | *Phalaenopsis mannii* |
| tw | *Cattleya aclandiae* | t | *Gongora galeata* | wt | *Maxillaria uncata* | t | *Pleurothallis*-Arten |
| tw | *Cattleya forbesii* | tw | *Ionopsis paniculata* | t | *Maxillaria variabilis* | t | *Promenaea*-Arten |
| tw | *Cattleya schilleriana* | t | *Isabelia virginalis* | tw | *Meiracyllium*-Arten | t | *Restrepia*-Arten |
| w | *Cattleya violacea* | tw | *Isochilus*-Arten | tw | *Nageliella*-Arten | tw | *Rodriguezia*-Arten |
| tk | *Coelogyne fimbriata* | wt | *Kingidium*-Arten | t | *Octomeria*-Arten | t | *Sophronitis cernua* |
| tk | *Coelogyne ovalis* | tw | *Laelia harpophylla* | t | *Oncidium flexuosum* | t | *Stelis*-Arten |
| t | *Comparettia*-Arten | tw | *Laelia pumila* | t | *Oncidium ornithorhynchum* | tw | *Trichocentrum*-Arten |
| t | *Dendrobium loddigesii* | tw | *Laelia xanthina* | tw | *Oncidium longipes* | tw | *Trichopilia*-Arten |

tk = temperiert/kühl
t = temperiert
tw = temperiert/warm
wt = warm/temperiert
w = warm

**◁ Prächtig blühende Orchideen auf der Fensterbank – ein dekorativer Raumschmuck**

# Die Unterbringung

**Pflege einer Vielfalt von Orchideen möglich**

**Technische Einrichtungen erleichtern die Pflege**

Geschlossenes Pflanzenfenster in den Raum gebaut

Pflanzenfenster (nach Linz)

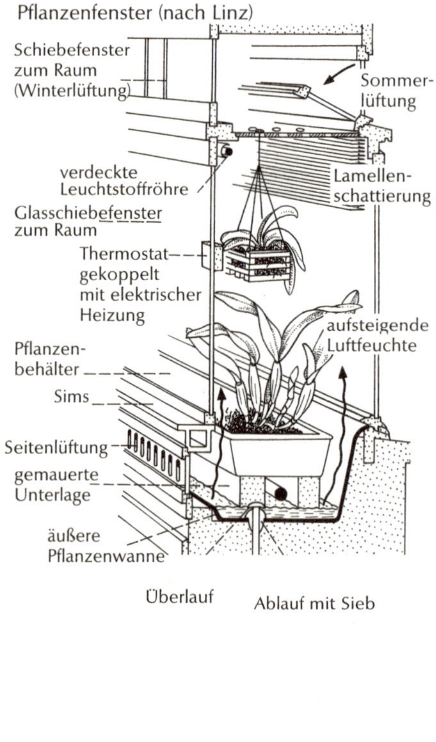


**Art des Einbaus**

**– in den Raum hineinragend**

**– vor der Hauswand nach außen ragend**

## Pflanzenfenster

Das Einrichten und Besetzen eines Pflanzenfensters erfordert Kenntnisse sowohl über die Lebensweise der Pflanzen als auch technischer Art. Die technische Ausrüstung ist mitbestimmend für den Erfolg. Dazu gehören z. B. Beschattungseinrichtung, Temperaturmessung und -regelung, Luftfeuchtigkeitsmessung und -regelung, Zusatzbelichtung, Ventilatoren zur Belüftung bzw. Luftumwälzung u. a. Entscheidend für den Erfolg, d. h. für ein gesundes Pflanzenwachstum und gut ausgebildete Blüten, ist jedoch in erster Linie ein umfassendes Wissen, um den Pflanzen die erforderlichen Lebensbedingungen zu schaffen, sowie ein hohes Einfühlungsvermögen, um ihre Ansprüche zu erkennen.
Für den Einbau eines Pflanzenfensters gibt es zwei Möglichkeiten:

- Der Einbau nach innen hat den Vorteil, daß sich eine zusätzliche Heizung meistens erübrigt. Die Schattierung im Sommer ist einfacher. Im Winter kann jedoch Lichtmangel entstehen. Es ist zu beachten, daß im Wohnraum das einfallende Licht rasch abnimmt und schon hinter der Fensterscheibe meist nur noch 80 Prozent des Tageslichtes im Freien beträgt. Zusatzbelichtung wird deshalb erforderlich.
- Nach außen ragende Pflanzenfenster geben den Orchideen mehr Licht, kühlen aber im Winter stärker aus. Auf eine Zusatzheizung kann

nicht verzichtet werden. Die Temperatur muß regelbar sein und sollte ständig kontrolliert werden. Bedingt durch die Höhe des Fensters können erhebliche Temperaturdifferenzen auftreten, deshalb ist es günstig, an mehreren Stellen Thermometer anzubringen.

Geschlossenes Pflanzenfenster nach außen gebaut

Die einfachste Form eines Pflanzenfensters ist zum Zimmer hin offen, jedoch breiter und tiefer als ein übliches Fenster. Nachteilig kann sich das Wohnraumklima mit oft zu hohen Temperaturen und Lufttrockenheit im Winter auf das Pflanzenwachstum auswirken. Allseitig geschlossene Pflanzenfenster haben ein regelbares Eigenklima. Die ungünstigen Einflüsse des Wohnraumes, besonders die trockene Luft, sind ausgeschaltet. Da der Wärmeaustausch mit dem Wohnraum fehlt, kann eine Zusatzheizung auch bei nach innen gebauten Pflanzenfenstern erforderlich sein.

**Zum Wohnraum offen**
**Nachteile:**
**Wohnraumklima beeinflußt Pflanzenwachstum negativ**

**Allseitig geschlossen**
**Nachteile:**
**Wärmezufuhr im Winter meist erforderlich**

Der relativ kleine Luftraum geschlossener Pflanzenfenster kann sich bei starker Sonneneinwirkung rasch überhitzen. Pflanzenschäden sind durch geeignete Beschattungsmöglichkeiten und ausreichende Lüftung zu vermeiden. Eine intensive Luftumwälzung ist vorteilhaft. An sehr kalten Wintertagen sollte die Frischluftzufuhr aus dem Zimmer erfolgen, um die Pflanzen durch die Außenluft nicht zu unterkühlen. Im Sommer ist viel Frischluft von außen zuzuführen.

**Schattieren, verschiedene Möglichkeiten → Abschnitt Fensterbank S. 65**

**Lüften**

# Die Unterbringung

**Zusatzbelichtung**
**→ S. 37**

Verglaste Balkons sind geeignete Kulturräume

Während der Wintermonate kann man die geringe Intensität des Tageslichtes mit einer Zusatzbelichtung ausgleichen. Dazu werden oben oder an den Seiten des Fensters mehrere Leuchtstoffröhren installiert, mit denen man den Tag auf etwa 12 bis 14 Stunden verlängert.

## Verglaste Veranda, Balkon, Loggia

**Nutzung als**
- **ganzjähriger Pflegeraum**
- **Überwinterungsraum kühl zu haltender Arten**
- **Sommerstandort**

Eine allseitig verglaste Veranda bietet ähnliche Entwicklungsbedingungen wie ein Gewächshaus. Zu dieser Form der Unterbringung zählen ebenfalls verglaste Balkons bzw. Loggien. Das Lichtangebot reicht meist aus, auch wenn die Dachfläche nicht aus Glas ist. Der starken Auskühlung kann man nur mit ausreichender Heizkapazität entsprechend der Raumgröße entgegenwirken. In der wärmeren Jahreszeit sind solche Standorte besser für Orchideen geeignet als das Zimmer. Die Luftfeuchtigkeit wird durch häufiges Sprühen erhöht und hält bei der Pflege einer größeren Anzahl von Pflanzen sowie durch deren dichteres Beisammenstehen länger an.
Im Winter wird die Temperatur meist geringer als im Wohnraum sein. Für die Überwinterung kühl zu haltender Arten oder für Orchideen in der Ruhezeit ist eine solche Unterbringung gut geeignet.

Im Wintergarten steht die Schauwirkung im Vordergrund

# Verglaste Veranda, Balkon, Loggia, Wintergarten

## Wintergarten

Ein idealer Pflegeraum für Orchideen ist der Wintergarten, meist ein im oder am Haus befindlicher Raum mit vielen Fenstern. In der Regel wird eine Sitzgruppe vorhanden sein, auf die man die Gestaltung bzw. Anordnung der Pflanzen ausrichtet. Durch die optimalen Lichtbedingungen ist es möglich, eine Vielzahl von Arten und Hybriden zu pflegen.
Besonders dekorativ wirkt ein Wintergarten, wenn sich andere Pflanzen aus der natürlichen Umwelt der Orchideen harmonisch in die Gestaltung einfügen. Auch reine Orchideensammlungen kann man im Wintergarten kultivieren. Die Pflanzen sollten ähnlich wie im Gewächshaus im Topf oder Korb gepflegt, auf Tische gestellt oder aufgehängt werden. Auf Epiphytenstämmen angeordnet, wird die dekorative Wirkung noch erhöht.

Wintergarten mit Epiphytenstamm und anderen Pflanzen aus der Umwelt der Orchideen

**Fast alle tropischen und subtropischen Orchideen sind geeignet**

**Pflanzen aus der Umwelt der Orchideen in die Gestaltung einbeziehen**

Beim Bau des Wintergartens ist darauf zu achten, daß der Fußboden für die Pflege von Pflanzen – das bedeutet stets erhöhte Feuchtigkeit – geeignet ist. Deshalb kommen vorwiegend Steinplatten, Fliesen oder Klinkersteine in Frage. Für eine hohe Luftfeuchte ist auch Kies günstig. Die Verbindungswände zum Wohnhaus sollten mit einem wasserabweisendem Anstrich versehen oder entsprechend isoliert sein.

**Beim Bau beachten**
**– Fußboden**
**– Hauswand isolieren**

Eine Belüftungsmöglichkeit ist notwendig. Übliche Fenster reichen oft

**Lüftung und Luftumwälzung**

# Die Unterbringung

**Beschattung**
**Heizung**

aus, wenn man darauf achtet, daß in den Ecken keine Luft »steht«. Zur Luftumwälzung und gleichmäßigen Temperaturverteilung dienen Ventilatoren, die so eingebaut werden müssen, daß die Luft nicht nur horizontal umgewälzt wird. Wichtig sind außerdem eine Beschattungsanlage und eine der Pflanzenauswahl entsprechende Heizung.

## Kleingewächshaus

**Vorteile**

Der beste Kulturraum für Orchideen ist ein Gewächshaus. Es hat wesentliche Vorteile:

- Das Licht von oben durch verglaste Dachflächen sichert den Pflanzen ein optimales Wachstum.
- Aufgrund eines größeren Luftraumes lassen sich Temperatur, Luftfeuchte und Frischluftzufuhr leicht regulieren.
- Die Pflege ist problemlos, da beim Gießen und Sprühen keine Rücksicht auf die Wohnumgebung genommen werden muß.

Anhängig von der Heizungsmöglichkeit gibt es zwei Nutzungsvarianten:

- Unterbringung nur während der wärmeren Jahreszeit, etwa von April/Mai bis September/Oktober. Eine Beheizung ist nicht notwendig, es sei denn das Haus soll zur Pflege besonders wärmeliebender Orchideen dienen. An heißen, trockenen Tagen kann die Luftfeuchtigkeit im

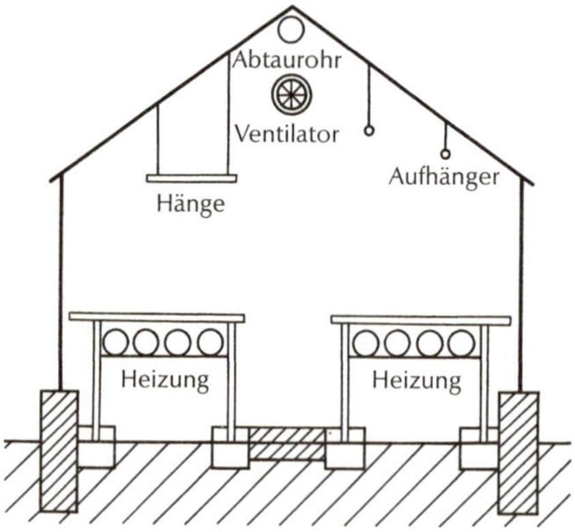


Freistehendes Kleingewächshaus mit Satteldach

Gewächshaus leichter erhöht werden und hält auch länger an als draußen. Für hohe Luftfeuchte verlangende Orchideen ist diese Art der Unterbringung günstiger, als Sommerstandorte im Freien. Eine starke nächtliche Taubildung entspricht den heimatlichen Verhältnissen.

- Unterbringung während des ganzen Jahres. Wichtig ist eine regelbare Heizung, die sich am besten unter den Tischen befindet. So spart man Platz und Energie, da bei ausreichender Wärme an den Wurzeln die Raumtemperatur niedriger sein kann.

Kleingewächshaus mit schrägen Seitenwänden – günstiger Wärmehaushalt, gute Lichtausbeute

**Nutzungsmöglichkeiten ohne Heizung:**
**- Unterbringung von April/Mai bis September/Oktober Winterstandorte: Wohnraum, Veranda, verglaster Balkon, Loggia, Keller**
**Mit Heizung:**
**- Unterbringung ganzjährig**

Man unterscheidet aus baulicher Sicht:

- Anlehngewächshäuser und
- Freistehende Gewächshäuser.

Anlehngewächshäuser sind Anbauten an Mauern bzw. an Wohn- oder Wirtschaftsgebäude mit einseitiger Dachfläche (Pultdach). Die Stehwand ist bis zur Tischhöhe aus Glas oder sie reicht bis zum Fundamentsockel.

Günstig sind Ost- oder Westlagen. Ein an der Süd- oder Südwestseite angebautes Anlehnhaus bietet zwar viel Licht, wird jedoch oft zu heiß. Schattenwirkung durch benachbarte Gebäude sollte möglichst ausgeschlossen sein.

Vorteile des Anlehnhauses:

- Aufgrund der geringen Glasfläche braucht man weniger Heizwärme.
- Günstiger Anschluß an die Warmwasserheizung des Wohnhauses.
- Die Baukosten sind niedriger, da

**Anlehngewächshaus mit Pultdach**

Anlehngewächshaus

# Die Unterbringung

**Freistehende Gewächshäuser haben gleichseitige oder ungleichseitige Satteldächer**

**Himmelsrichtung des Gewächshauses**
- **Nord-Süd = gleichmäßige Lichtverhältnisse**
- **Ost-West = helle, bei Sonne heiße Südseite und mäßig helle Nordseite**

**Erdhäuser bieten gutes Klima für:**
- ***Paphiopedilum***
- ***Odontoglossum***
- ***Lycaste***
  ***Masdevallia* und verwandte Gattungen**

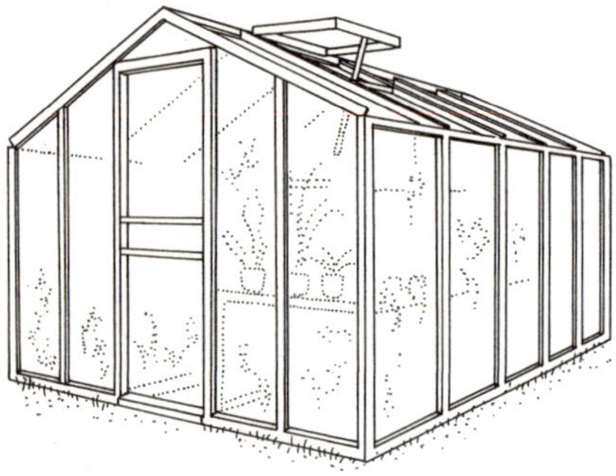

Freistehendes Kleingewächshaus

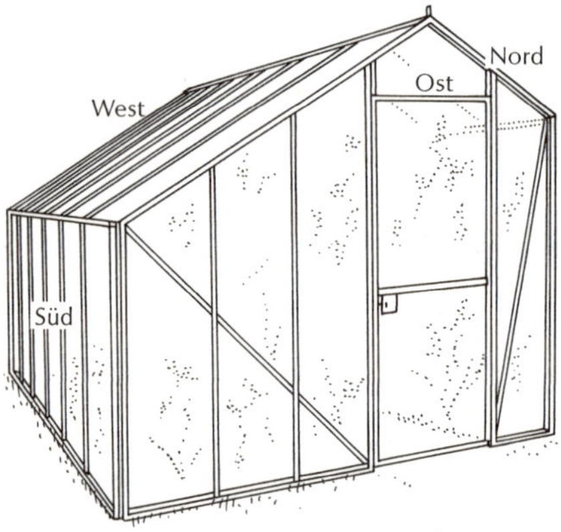


Gewächshaus mit ungleichseitigem Satteldach, Längsrichtung Ost-West

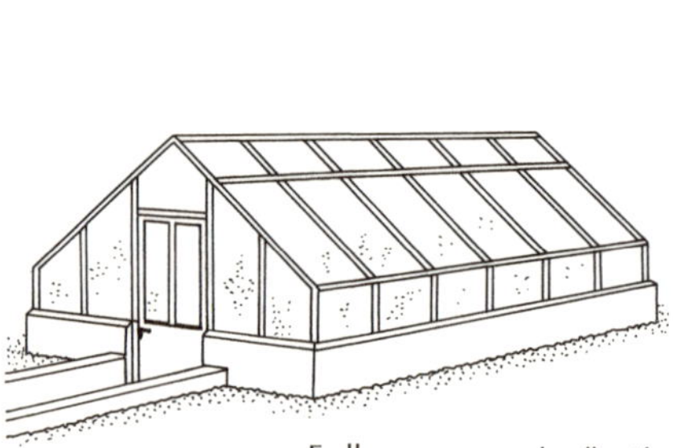

Erdhaus – energiegünstig

eine Wand bereits vorhanden ist. Diese muß jedoch gegen Feuchtigkeit geschützt sein.

Freistehende Gewächshäuser haben meist ein gleichseitiges, sogenanntes Satteldach. Sie stehen am besten in Nord-Süd-Richtung. Kann der Bau nur in Ost-West-Richtung erfolgen, sind die Lichtverhältnisse im Gewächshaus auf der Südseite günstiger als auf der Nordseite. Man kann deshalb ein ungleichseitiges Satteldach wählen, wobei die Südseite etwa $^2/_3$, die Nordseite etwa $^1/_3$ einnimmt. Eine andere Möglichkeit besteht darin, auf der Südseite Orchideen mit hohen Lichtansprüchen und auf der Nordseite mehr schattenliebende zu pflegen.

Energiegünstig sind sogenannte Erdhäuser. Die Stellflächen liegen zu ebener Erde, der Mittelgang ist vertieft im Boden. Auf dem sich nur wenig über Erdniveau erhebenden Mauersockel steht unmittelbar das Dach. Man kann aber auch eine niedrige Stehwand einbauen.
Die Vorteile eines solchen Gewächshauses sind:
- auch im Sommer höhere Luftfeuchtigkeit und an heißen Tagen geringere und langsamere Aufheizung
- im Winter weniger Wärmeabstrahlung

Das ein Gewächshaus mit einer ausreichenden Beschattungsmöglichkeit ausgestattet werden sollte, ist selbst-

verständlich. Ventilatoren sollten diagonal, nicht horizontal die Luft umwälzen. Günstig ist die Verglasung mit Doppelstegplatten oder auch eine Dreifachverglasung. Eine Ersparnis an Heizkosten amortisiert im Laufe der Zeit die höheren Aufwendungen beim Bau.
In zu kleinen Gewächshäusern ist die Temperaturführung problematisch. An heißen Sommertagen steigen die Werte rasch an, im Winter ist die Wärmehaltung schwierig.

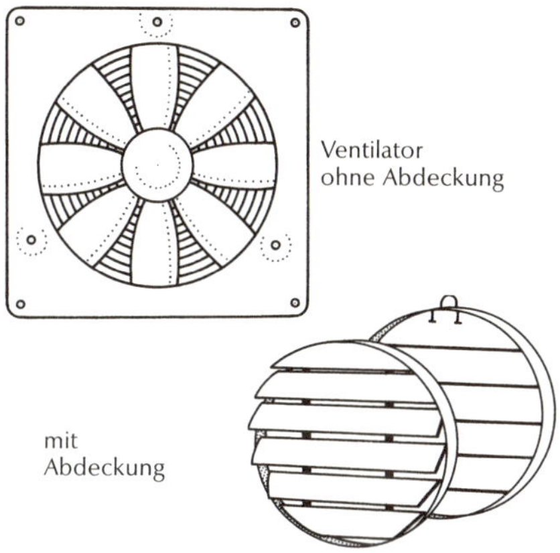


Ventilatoren zur Luftumwälzung bzw. Zwangsbelüftung oder Entlüftung

**Zu kleine Gewächshäuser werden stark von der Witterung im Freien beeinflußt**

## Kellerkultur

Um umfangreiche Sammlungen sicher, relativ billig und ohne großen Aufwand über die ungünstige Jahreszeit zu bringen, ist man zur Kellerkultur übergegangen.
Während des Sommers werden die Pflanzen im Folienzelt oder im Freien gepflegt. Wenn im Herbst die Nachttemperaturen zu stark absinken, kommen die Orchideen in einen dafür vorbereiteten Kellerraum unter Kunstlicht. Dieser soll relativ trocken, luftig und temperiert sein. Sehr kalte, feuchte und zugige, aber auch zu warme Kellerräume eignen sich nicht.

Der Raum wird mit weißer Farbe gestrichen, um die Reflexion des Lichtes zu erhöhen. Zum Aufstellen der Pflanzen sind Tische vorteilhaft, über denen möglichst nahe der Pflanzen die Lampen installiert werden. Der Lichtbedarf

Bei Kellerkultur ist technische Ausrüstung (Belichtung, Luftbefeuchtung u. a.) erforderlich

**Kellerräume = Winterquartier**
**Folienzelt oder Freiland = Sommerquartier**

**Klima des Kellers ist entscheidend**

**Lichtbedarf der Orchideen → Wachstumsfaktoren S. 33**

**Dezember bis Februar**
**– Belichtung von 12 h/Tag ausreichend**

**Luftbewegung**

**Luftfeuchtigkeit**
**→ auch S. 39**

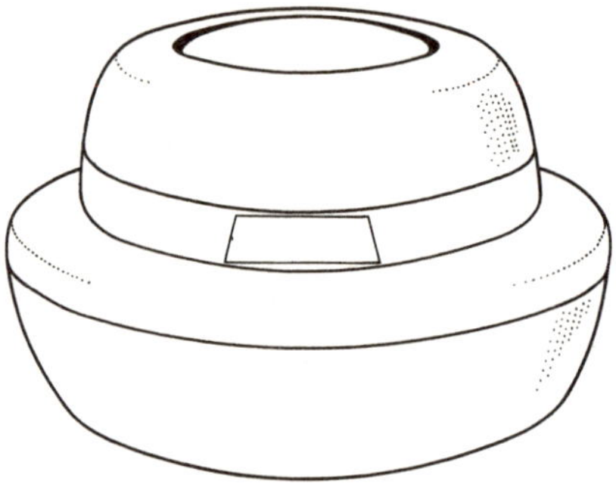

Elektronischer Luftbefeuchter

ist je nach Gattung und Art unterschiedlich. Die notwendige Belichtungsdauer beträgt für die Kellerkultur etwa 12 bis 14 Stunden, wobei hier ausschließlich von Kunstlicht ausgegangen wird.
Höhere Luftfeuchtigkeit erhält man durch öfteres Sprühen, Aufstellen von Wasserschalen oder durch elektrische Luftbefeuchter. Wenn möglich, sollte Frischluft zugeführt werden. Ein Ventilator sorgt für die erforderliche Luftbewegung.

### Folienzelt

**Folienzelte zur Pflege von Orchideen entsprechen weitgehend Gewächshäusern**

Vielfach werden Orchideen, die man im Winterhalbjahr in der Wohnung oder in Kellerräumen pflegt, während des Sommers im Folienzelt untergebracht.

**Temperatur, Lichtverhältnisse und Belüftung**

Die Bedingungen entsprechen weitgehend denen im Gewächshaus. Die Temperatur steigt ohne Belüftung stark an. Deshalb sollte der Standort möglichst vor der heißen Mittagssonne geschützt sein. Notfalls muß beschattet werden, z. B. mit Schattenleinen.
Die meisten Folienzelte besitzen keine Belüftungseinrichtung, so daß die notwendige Frischluftzufuhr nur durch das Öffnen der Tür oder teilweises Hochschlagen der Folie an den Seiten geregelt werden kann. Dadurch sinken jedoch die in Folienzelten besonders günstigen hohen Werte der Luftfeuchte. Häufiges Sprühen wirkt dem entgegen.

In Folienzelten ist die Luftfeuchtigkeit besonders hoch

# Folienzelt, Sommerstandorte im Freien

Wird wenig gelüftet, verdunsten die Pflanzen, bedingt durch die hohe Luftfeuchtigkeit, wenig Wasser. Dadurch trocknet der Pflanzstoff langsamer aus – es braucht nicht so oft gegossen zu werden. Stärkeres Besprühen in den Morgenstunden reicht meist schon aus. Bis zum Abend sollen die Pflanzen wieder abgetrocknet sein, um einem Pilzbefall vorzubeugen.
Durch das nächtliche Absinken der Temperaturen bildet sich meist mehr Tau als im Gewächshaus, wodurch das Pflanzenwachstum günstig beeinflußt wird. An kühlen Sommertagen und im Herbst herrschen oft niedrige Nachttemperaturen. Während dieser Zeit hält man die Pflanzen nur mäßig feucht.

Orchideen, die sehr viel Wärme brauchen und die starke nächtliche Abkühlung nicht vertragen, sind für eine Pflege im Folienzelt weniger geeignet. Man kann sie jedoch für kurze Zeit während des Hochsommers dort unterbringen.

## Sommerstandorte im Freien

Zahlreiche Orchideen kann man während der warmen Jahreszeit an geschützten Stellen im Freien unterbringen. Das kann der Garten, aber auch ein Balkon oder eine Terrasse sein. Neben einem kräftigen, gedrungenen Wachstum festigt sich das Gewebe der Pflanzen. Dies ist wichtig für ihre Gesundheit und Blühwilligkeit.

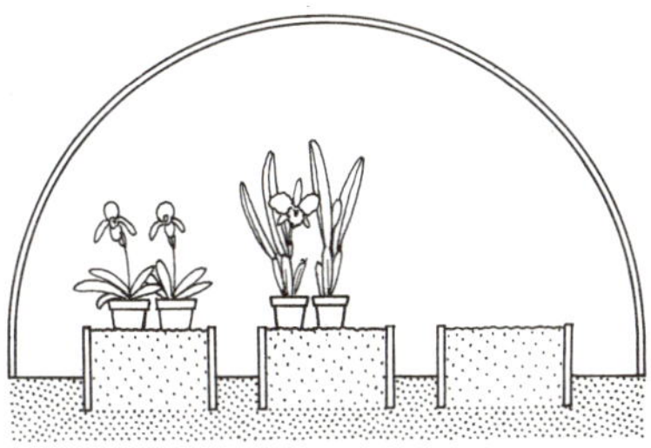

Orchideen stehen am besten auf erhöhten Grundbeeten

Orchideen, aufgehängt am Spalier oder getopft auf einem Lattenrost, über einem flachen Wasserbehälter, gegen starke Sonne geschützt, wachsen gedrungen und sind sehr blühfreudig.

**Im Folienzelt: Hohe Luftfeuchtigkeitswerte = Gießen in größeren Abständen**

**Kühle Sommertage mit niedrigen Nachttemperaturen = mäßige Feuchtigkeit**

**Orchideen aus warmen tropischen Gebieten – wenig geeignet für Folienzelte**

**Freilandaufenthalt im Sommer**
- **im Garten**
- **auf dem Balkon**
- **auf der Terrasse**

# Unterbringung

**Orchideen müssen auch im Freien vor greller Sonne und Zugluft geschützt werden**

Der Standort soll hell und muß während der Mittagsstunden vor greller Sonne geschützt sein. Ein Platz unter Bäumen oder hohen Sträuchern ist am besten geeignet. An zugigen Stellen, oft in der Nähe des Hauses kann man eine Blende anbringen. Diese soll die Luftbewegung um etwa 60 Prozent vermindern.

**Das Aufhängen von Orchideen in lichten Baumkronen ist eine naturnahe Pflegemethode**

**Pflege im Freien von Ende Mai bis Ende September**

Einer naturnahen Pflegemethode entspricht das Aufhängen der Orchideen in lichten Baumkronen. Man kann auch einen mit Draht bespannten Holzrahmen aufstellen und die Pflanzkörbchen bzw. am Block gepflegte Arten daran befestigen. Orchideen im Topf sollten zum Schutz vor Schnecken und Asseln auf Rosten über mit Wasser gefüllten Gefäßen stehen. Dadurch wird gleichzeitig die Luftfeuchte in der Nähe der Pflanzen erhöht.

Nachttau begünstigt ein straffes Pflanzengewebe und einen kräftigen Wuchs. Bekommen die Pflanzen, z. B. auf dem Balkon, keinen Tau ab, sollte man sie morgens so kräftig sprühen, daß auch der Pflanzstoff durchfeuchtet wird. So werden die Orchideen auch heiße Tage gut überstehen. Der Aufenthalt im Freien ist meist frühestens von Ende Mai bis spätestens Ende September/Anfang Oktober möglich. An der Küste und im Bergland, ebenso wie in Waldnähe kommen wesentlich mehr Arten für einen Freilandaufenthalt in Frage, als im trockenen Binnenland.

Für den Sommeraufenthalt im Freien eignen sich:

Vorwiegend Gattungen und Arten sowie deren Hybriden und Gattungsbastarde, die zeitweilig trockene Luft und eine starke nächtliche Temperaturabsenkung vertragen, aber auch kühlere Perioden gut überstehen. Unterschiede bestehen in der Laage. An der Küste und im Bergland, ebenso in Waldesnähe kommen mehr Arten für einen Freilandaufenthalt in Frage, als im trockenen Binnenland.

*Bletilla striata*
*Brassavola (Rhyncholaelia) glauca*
*Brassavola nodosa*
*Brassia caudata*
*Brassia verrucosa*
*Cattleya*-Arten
*Coelogyne cristata*
*Cymbidium lowianum*
*Cymbidium tracyanum*
*Dendrobium chrysotoxum*
*Dendrobium kingianum*
*Dendrobium nobile*
*Dendrobium ruppianum*
*Encyclia*-Arten
*Epidendrum ciliare*
*Laelia albida*
*Laelia autumnalis*
*Laelia crispa*
*Laelia lobata*
*Laelia purpurata*
*Laelia tenebrosa*
*Lemboglossum*-Arten
*Maxillaria grandiflora*
*Maxillaria luteo-alba*
*Maxillaria picta*
*Maxillaria porphyrostele*
*Maxillaria punctata*
*Oncidium bifolium*
*Oncidium forbesii*
*Oncidium hastatum*
*Oncidium incurvum*
*Oncidium leucochilum*
*Oncidium stramineum*
*Oncidium tigrinum*
*Rossioglossum grande*
*Rossioglossum insleayi*
*Sophronitis*-Arten
*Stanhopea*-Arten
*Schomburgkia superbiens*

# Das Verpflanzen

Das Umpflanzen ist eine der schwierigsten Maßnahmen der Orchideenpflege. Orchideen sollten nicht ohne zwingende Gründe verpflanzt werden. Es muß aber erfolgen, wenn das Substrat stark verrottet ist, die Pflanze im Gefäß keinen richtigen Halt mehr hat, das Gefäß zu klein geworden ist oder das Exemplar geteilt werden soll. Vernachlässigte Pflanzen, deren Triebe z. B. frei in die Luft ragen und viele Luftwurzeln gebildet haben, lassen sich meist nur mit Mühe wieder in Ordnung bringen.

Es gibt keinen Einheitspflanzstoff für alle Orchideen. Das Substrat ist abhängig von der Art, dem Gefäß bzw. dem Material bei Blockkultur, der Pflege und der Umwelt. Seine Eigenschaften wie Struktur, Beständigkeit, Nährstoffgehalt sowie Säuregrad (pH-Wert) sind entscheidend für eine erfolgreiche Pflege.

Die Wahl des Pflanzgefäßes hängt von der Lebensweise der Orchidee und von der Pflegemethode ab. Neben Töpfen und Schalen aus Ton oder Kunststoff kommen auch Pflanzcontainer in Betracht. Orchideen mit besonders hohem Sauerstoffbedarf an den Wurzeln wie die meisten Epiphyten wachsen besser in Körbchen. Kleinwüchsige Arten pflegt man an Ast- oder Rindenstücken.

Der richtige Zeitpunkt zum Umpflanzen der Orchideen ist wichtig, denn es bedeutet immer eine Störung im Wachstum. Man pflanzt um, wenn der neue Trieb sich entwickelt und die Wurzelbildung einsetzt. Die neuen Wurzeln finden somit ein frisches, durch Zersetzung noch nicht verdichtetes Substrat vor, in dem sie sich gut entwickeln können.

**Pflanzstoffe**
**Seite 86**

**Pflanzgefäße**
**Seite 91**

**Umpflanzen**
**Seite 93**

# Das Verpflanzen

**Wichtige Pflanzstoffeigenschaften:**
**1. lockere Struktur**
**2. stabil, beständig, minimale Zersetzung**
**3. hohe Wasserhaltefähigkeit**
**4. Vorhandensein von Nährstoffen**
**5. keine pflanzenschädlichen Inhaltsstoffe**
**6. günstiger pH-Wert 5 bis 5,5**
**7. gutes Pufferungsvermögen**
**8. ausreichender Halt für Pflanzen**

## Pflanzstoffe

Nicht jeder Pflanzstoff besitzt die geforderten Eigenschaften. Eine Kombination mehrerer Ausgangsstoffe führt zu dem jeweils geeigneten Orchideenpflanzstoff und damit zum Erfolg.

Die wichtigsten Pflanzstoffe und ihre Eigenschaften

Torf
- stark saure Reaktion(1 bis 1,5 g Kalk je 1 l Torf erforderlich)
- gute Wasserhaltefähigkeit
- grobfaseriges Material
- soll nicht völlig austrocknen, da er nur schwer wieder Wasser aufnimmt
  **Achtung:** Intensiver Torfabbau gefährdet Moorlandschaften!

---

Holzfaserstoffe als Torfersatz
- entsprechend aufbereitetes organisches Material, z. B. Holzabfälle
- zu niedriger pH-Wert, öfter mit Kalkmilch gießen
- niedrige Wasserhaltefähigkeit, deshalb öfter gießen als bei Torf
- stickstoffbetonte Nachdüngung
- bewirken gute Wurzelentwicklung
- 50prozentiger Holzfaserstoffanteil im Substrat wird empfohlen

---

Sumpfmoos (*Sphagnum*)
- saure Reaktion, pH-Wert etwa 3,5 bis 4,5
- hohe Wasseraufnahmefähigkeit
- wirkt bakterien- und pilzhemmend
- Indikator für Wasserqualität (stirbt bei hohem Salzgehalt und hoher Wasserhärte ab) und Substratfeuchte (welkt bei Trockenheit)
  **Achtung:** Naturschutzbestimmungen beachten! (Ersatz sind Waldmoos-Arten)

---

Buchenlaub
- gibt durch Verrottung ständig Nährstoffe ab
- wird im Herbst gesammelt und trokken gelagert
- zu viel Buchenlaub verdichtet durch rasche Verrottung den Pflanzstoff

---

Kokosfaser (auch -flocken)
- sehr gute Strukturstabilität
- vor Verwendung gut waschen (evtl. salzhaltig)
- sehr gut für Blockkultur!

---

Reisspelzen
- Zusatz für Torfsubstrate
- bewirkt gute Durchlüftung des Substrates

---

Königsfarn-Wurzeln (*Osmunda regalis*)
- günstiger pH-Wert (um 5)
- hart, spröde, gute Strukturbeständigkeit
- sehr gute Durchlüftung
  **Achtung:** Steht unter Naturschutz! (Ersatz ist getrocknetes, kleingeschnittenes Heidekraut)

---

Tüpfelfarn-Wurzeln (*Polypodium vulgare*)
- weniger strukturbeständig als Kö-

nigsfarn, durch raschere Zersetzung verdichtet sich das Substrat
- für Blockkultur

**Achtung:** Naturschutzbestimmungen beachten! (Ersatz ist grobfaseriger Torf)

---

Baumfarn, als Mexifern, Xaxim u. a. bezeichnet
- Ersatz für Königsfarn, unterschiedliche Struktur
- je stärker die Zerkleinerung, desto höher die Wasserhaltefähigkeit
- Stücke für Blockkultur

**Achtung:** Naturschutzbestimmungen beachten!

---

Borke (meist von Nadelgehölzen z. B. Kiefer)
- nährstoffarm, stickstoffbetonte Nachdüngung erforderlich, pH-Wert etwa 4 bis 4,5
- sehr beständig, außer bei Verpilzung
- sehr gute Durchlüftung
- vor Verwendung wässern und schwach düngen
- schlechte Standfestigkeit der Pflanzen (unterschiedliche Handelsnamen)

---

Holzspäne und -fasern
- hohes Wasserhaltevermögen
- Späne bedingen gute Durchlüftung
- Strukturstabilität ist von Holzart abhängig

---

Meranti
- fast harzfreies, festes Holz tropischer Baumarten, verwendbar als Späne, Fasern und Stücke
- stark saure Reaktion
- gut geeignet für Jungpflanzenanzucht und wurzelkranke Orchideen
- Holzstücke für Blockkultur

---

Kork
- zerkleinert (Korkschrot) oder als Platten zur Blockkultur
- kaum Wasserhaltevermögen
- strukturstabil
- als Schrotzusatz im Substrat gute Durchlüftung

---

Holzkohle (schwefelfrei)
- strukturstabil
- bei grober Körnung gute Durchlüftung
- keimhemmend
- gut geeigneter Zusatz für Jungpflanzensubstrat

---

Beispiele geeigneter Pflanzstoffmischungen für epiphytisch wachsende Orchideen (Angabe in % Ausgangspflanzstoff)

| Ausgangspflanzstoff | Mischung Nr. | | | | | | | |
|---|---|---|---|---|---|---|---|---|
| | 1* | 2* | 3 | 4 | 5 | 6 | 7** | 8** |
| Torf bzw. Holzfaserstoffe | 10 | | 20 | 30 | | 40 | 30 | |
| Sumpf- oder Waldmoos | | 20 | | | 30 | | | 30 |
| Buchenlaub | | | 10 | | 10 | | | 20 |
| Korkschrot | 30 | | 10 | | | | 20 | |
| Borke | 40 | 60 | 10 | | | 10 | 40 | 40 |
| Farnwurzeln oder Heidekraut | | | 40 | | | | | |
| Polystyrol | 20 | 20 | 10 | 20 | 20 | 30 | | |
| Meranti | | | | 50 | | | | |
| Vermiculite | | | | | | | | 10 |
| Holzspäne | | | | | 40 | | | |
| Kokosfaser | | | | | | | 10 | |
| Reisspelzen | | | | | | 20 | | |

* erfordert häufigeres Gießen und Düngen
** erfordert mäßiges Gießen und Düngen

# Das Verpflanzen

Beispiele geeigneter Pflanzstoffmischungen für terrestrisch wachsende Orchideen (Angabe in % Ausgangspflanzstoff)

| Ausgangspflanzstoff | Mischung Nr. | | | | | | |
|---|---|---|---|---|---|---|---|
| | 1* | 2* | 3 | 4 | 5 | 6** | 7** |
| Torf bzw. Holzfaserstoffe | | | 30 | | 30 | 30 | 20 |
| Sumpf- oder Waldmoos | 30 | 30 | | 30 | | | 20 |
| Buchenlaub | 10 | 10 | 10 | 10 | | | 10 |
| Lehm | | | | | | 10 | |
| Borke | | | 40 | 40 | | 30 | |
| Farnwurzeln oder Heidekraut | | 10 | | | | | |
| Polystyrol | 60 | 20 | | | | 20 | 20 |
| Meranti | | | | | 70 | | |
| Korkschrot | | 10 | 20 | | | | |
| Vermiculite | | | | | | 10 | |
| Holzspäne | | | | 20 | | | 30 |

* erfordert häufigeres Gießen und Düngen
** erfordert mäßiges Gießen und Düngen

Beispiele geeigneter Pflanzstoffmischungen zum Aufbinden für am Block gepflegte Orchideen (Angabe in % Ausgangspflanzstoff)

| Ausgangspflanzstoff | Mischung Nr. | | | | | |
|---|---|---|---|---|---|---|
| | 1* | 2* | 3 | 4 | 5** | 6** |
| Faseriger Torf bzw. Holzfaserstoffe | | 20 | 10 | 20 | | 50 |
| Sumpf- oder Waldmoos | 20 | | 20 | 20 | | 40 |
| Buchenlaub | 10 | | 10 | 10 | 10 | 10 |
| Kokosfaser | | 80 | 50 | | 50 | 40 |
| Farnwurzeln oder Heidekraut | 70 | | 10 | 50 | | |

* erfordert häufigeres Gießen und Düngen
** erfordert mäßiges Gießen und Düngen

Lehm
- in geringer Menge als Zusatz für terrestrisch wachsende Orchideen
- nur brockiges, weitgehend strukturbeständiges Material verwenden

Blähton
- poröse Struktur bewirkt Wasserhaltefähigkeit
- gute Durchlüftung des Pflanzstoffes
- Verwendung vorwiegend bei der Hydrokultur
- auf gute Qualität und chem. Indifferenz achten

Polystyrol (aufgeschäumt)
- als Platten, Kugeln, Flocken u.a. einsetzbar
- strukturstabil
- wirkt drainierend und durchlüftend (verschiedene Handelsnamen wie Styropor, Styromull, Orchid-chips)

Quarzsand, Kies
- neutral bis schwach sauer wirkend
- bei nicht zu feiner Körnung gut durchlüftend
- strukturstabil
- grober Kies wird oft für Hydrokultur, Quarzsand zur Sämlingsaufzucht (Zusatz) verwendet

Steinwolle
- reagiert alkalisch
- je nach Struktur wasserhaltend (feinfaserig) oder -abstoßend (grobfaserig)

Vermiculite
- neutrale bis schwach alkalische Reaktion

**▷ Großblütige, züchterisch hochentwickelte *Phalaenopsis*-Hybriden verwendet man für wertvolle Blumengebinde**

- gutes Wasserhaltevermögen
- strukturstabil
- bedingt gute Durchlüftung im Pflanzstoff

(ähnlich wirken Bimskies, Perlite und Ziegelsplitt)

◁ ***Phalaenopsis*-Hybriden auf einem Wurzelstock wirken besonders exotisch**

## Pflanzgefäße

Die Auswahl der Pflanzgefäße richtet sich nach der Orchideenart, nach dem Entwicklungszustand der Pflanze, aber auch nach ihrem Standort und nach der Kultur.

*Tontöpfe*
An der porösen Oberfläche unglasierter Töpfe entsteht Verdunstungskälte, die sich besonders an kühlen Standorten ungünstig auf das Wurzelwachstum auswirkt. Andererseits bekommen die Wurzeln mehr von dem notwendigen Sauerstoff, vorausgesetzt, die Poren sind nicht durch Algen verstopft. Es gibt auch Töpfe mit durchlochten Wandungen und Böden, die eine bessere Durchlüftung des Pflanzstoffes ermöglichen. Auch Tonschalen sind verwendbar.

*Kunststoffgefäße*
Die Wasserverdunstung an der Außenwand und die damit verbundene Auskühlung, aber auch die bessere Sauerstoffversorgung der Wurzeln entfallen. Orchideen in Kunststoffgefäßen brauchen weniger Feuchtigkeit, einen

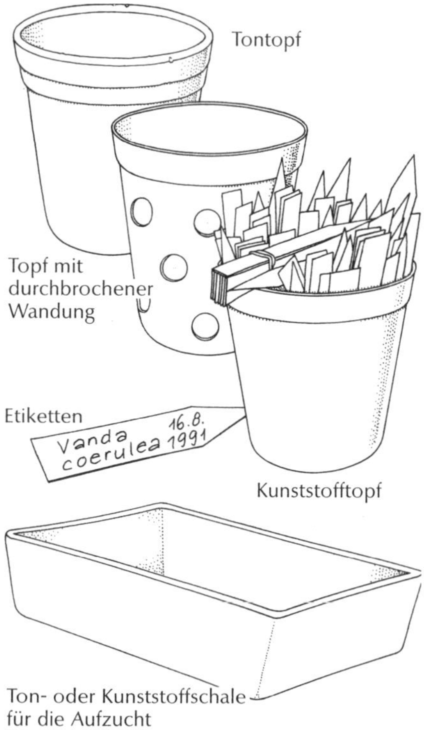


**Auswahl geeigneter Pflanzgefäße**

**Tontopf**
- **Verdunstungskälte**
- **porös = mehr Sauerstoff an den Wurzeln**
- **standsicher**

**Kunststofftopf**
- **keine Verdunstungskälte**
- **langsameres Austrocknen**
- **Pflanzstoff etwa 2° C wärmer als die Außentemperatur**
- **geringe Standsicherheit**

# Das Verpflanzen

**Lattenkörbe**

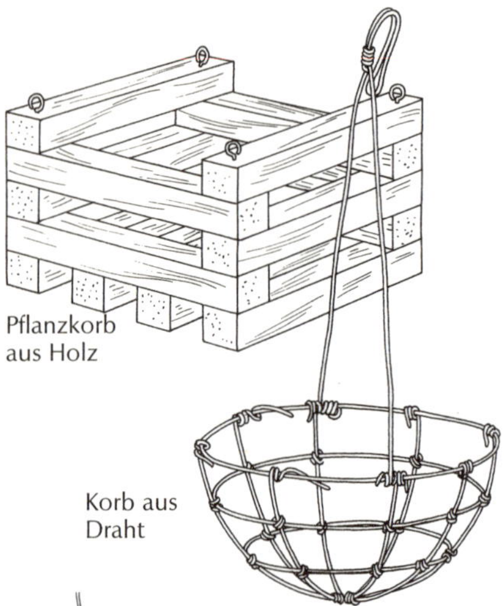


durchlässigeren Pflanzstoff und ausreichende Wasserabzugsöffnungen. Kunststofftöpfe aus aufgeschäumtem Polystyrol sorgen für eine gute Wärmehaltung an den Wurzeln. Sie haben jedoch ein sehr geringes Gewicht, so daß größere Pflanzen keinen Halt finden.

*Pflanzkörbchen*
In Körben, meist aus Hartholz, aber auch aus starkem Draht, wird der Pflanzstoff besonders gut durchlüftet, trocknet aber auch schneller aus. Die Pflanzen müssen öfter getaucht werden. Für Orchideen, die ihren Blütenstand nach unten durch den Pflanzstoff wachsen lassen, sind diese Gefäße Voraussetzung, es sei denn, die Pflege erfolgt an einem großen Block.

**Pflege an Rinden-, Ast- und Wurzelstücken = Blockkultur**

*Rinden-, Ast- und Wurzelstücke*
Diese Pflegeform entspricht der epiphytischen Lebensweise am heimatlichen Standort der Orchideen und ist gut für kleinwüchsige Arten geeignet.

**Geeignete Materialien für Blockkultur**

- Korkrinde ist lange beständig
- Kiefern- und Eichenrinde ist gut geeignet, doch etwas weniger beständig
- Ulmen-, Pappel- und Weidenrinden besitzen eine gute Saugfähigkeit
- Holunderaststücke mit Borke sind ebenfalls gut saugfähig
- Abschnitte von alten Rebstöcken sind oft bizarr, sie fördern das Wurzelwachstum
- Eichen- und Robinienäste mit rauher Rinde eignen sich für größere Blöcke

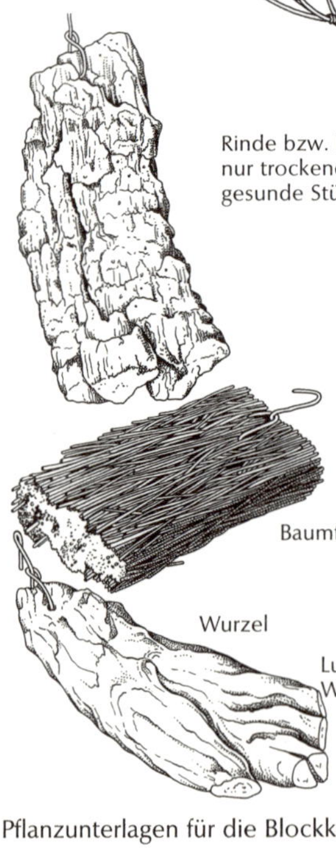


Pflanzunterlagen für die Blockkultur

*Epiphytenstämme*
Einen Eindruck von der Lebensweise der Orchideen an ihren Heimatstandorten vermitteln gut gestaltete Epiphytenstämme. Für große Räume verwendet man möglichst knorrige, reich verzweigte Stämme mit fast waagerecht abstehenden Ästen. Das Holz von Robinien, Eichen und alten Obstbäumen, besonders Birne und Apfel entspricht den Anforderungen. Um einen festen Stand zu gewährleisten, gießt man die Basis des Stammes mit Beton ein.

**Für Epiphytenstämme geeignete Holzarten sind: Robinie, Eiche, Apfel, Birne**

Künstliche Epiphytenstämme sind dauerhafter und lassen sich aus Rohren, Drahtgeflecht und Zement herstellen. Dabei sollte man viele Hohlräume zum Einfüllen des Pflanzstoffes und zum Bepflanzen schaffen. In kleinen Pflegeräumen wie Pflanzenfenster und Vitrinen werden die Stämme schräg angebracht und entsprechend bepflanzt.

**Künstliche Epiphytenstämme**

Epiphytenstamm – Pflege entsprechend der natürlichen Lebensweise.

## Umpflanzen

Verpflanzt wird aus folgenden Gründen:
1. Die Orchidee hat das Gefäß völlig ausgefüllt, für neue Triebe ist kein Platz.
2. Der Pflanzstoff ist überaltert, war ungeeignet oder ist zu weit zersetzt und die Pflanze hat keinen Halt mehr.
3. Die Pflanze soll zur Vermehrung geteilt werden.

# Das Verpflanzen

**In der Regel verpflanzt man jährlich:**
- ***Calanthe***
- ***Pleione***
- ***Dendrobium phalaenopsis***
- ***Paphiopedilum***
- ***Phalaenopsis* u. a.**

**alle zwei Jahre**
- ***Cattleya***
- ***Dendrobium***
- ***Oncidium***
- ***Odontoglossum* u. a.**

**alle drei Jahre**
- ***Cymbidium***
- ***Vanda***
- ***Renanthera* u. a.**

**in größeren Zeitabständen**
- **alle am Block gepflegten Orchideen**

**Verpflanzt wird mit einsetzender Trieb- und Wurzelbildung meist am Anfang der Wachstumsperiode. Daraus ergibt sich eine bestimmte Reihenfolge**

Wie wird umgepflanzt

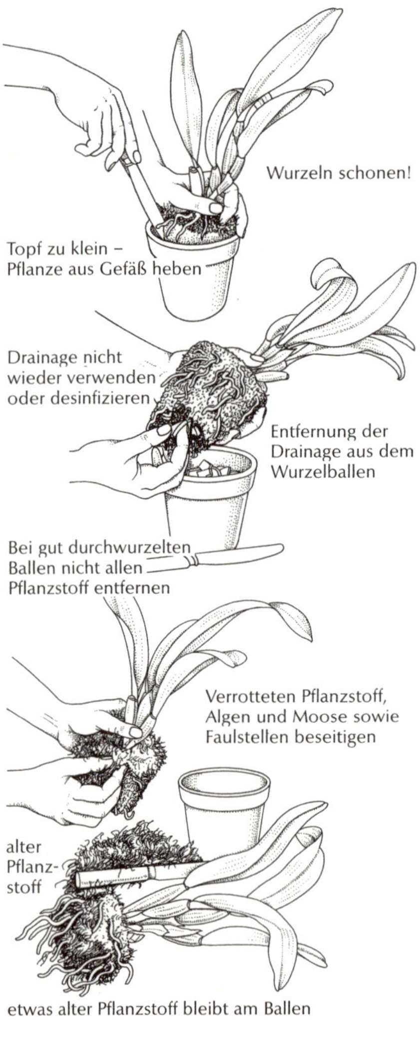


Die nebenstehenden Zeitabstände sind allgemein gültige Regeln für häufig vorkommende Gattungen und Arten. In geringeren Zeitabständen verpflanzt man, wenn der Pflanzstoff vorzeitig verrottet oder die Pflanze besonders wuchsfreudig ist.

Um Wachstumsstörungen zu vermeiden, ist der Beginn der Wachstumsperiode mit einsetzender Wurzelbildung und oft gleichzeitiger Neutriebentwicklung ein günstiger Zeitpunkt zum Umpflanzen. Daraus hat sich eine bestimmte Reihenfolge ergeben. Begonnen wird in der Regel mit den herbstblühenden *Paphiopedilum*, etwa im Januar/Februar. Mit dem Neutrieb folgen im Frühjahr viele *Cattleya*, deren Verwandte und Gattungsbastarde, ebenso mit beginnendem Austrieb und einsetzender Wurzelbildung *Calanthe* und *Pleione*, auch die meisten *Oncidium*-Arten.

Nach kurzer Ruhezeit, die mit dem Abblühen einsetzt, verpflanzt man im späten Frühjahr die winterblühenden *Paphiopedilum*, danach *Cymbidium*, sowie zahlreiche *Oncidium*-Arten und *Vanda*.

Im Frühsommer folgen die meisten *Dendrobium*- und *Laelia*-Arten sowie spättreibende *Cattleya*, aber auch andere Orchideen, bei denen gerade die Wurzelbildung einsetzt. Mit beginnenden kühleren Nachttemperaturen im Herbst werden *Masdevallia*, *Odontoglossum*, *Dracula* und Verwandte verpflanzt.

# Umpflanzen

*Phalaenopsis* bilden häufig neue Wurzeln. Man kann sie deshalb meist ganzjährig umsetzen.

*Umtopfen*

- Vor dem Umtopfen wässert man die Pflanzen, damit sich die Wurzeln besser von ihrer Auflage lösen. Sie sollten beim Herausnehmen der Pflanze aus dem alten Gefäß möglichst nicht verletzt werden.
  Der Topf wird umgedreht und mit der Oberkante kurz aufgestoßen, so daß sich der Wurzelballen löst. Sind die Wurzeln zu fest mit dem Topfrand verbunden, hilft man mit einem scharfen Messer nach. Tontöpfe werden notfalls zerschlagen, Kunststofftöpfe aufgeschnitten.
- Die Wurzeln werden vom alten Pflanzstoff befreit. Unlösbare Reste übernimmt man mit in das neue Gefäß. Kranke, abgestorbene, auch gebrochene Wurzeln, werden bis in gesunde Teile zurückgeschnitten – Schnittflächen gegen Fäulnis mit Holzkohlepulver einpudern!
- Das neue Pflanzgefäß ist so zu bemessen, daß die Pflanze für etwa zwei Jahre genügend Raum für ihre Entwicklung hat. Zuerst wird eine Drainageschicht bis zu etwa einem Drittel des Gefäßes eingefüllt. Als Drainmaterial lassen sich verwenden:
  - saubere Topfscherben
  - Polystyrol in verschiedenen Formen
  - Blähton

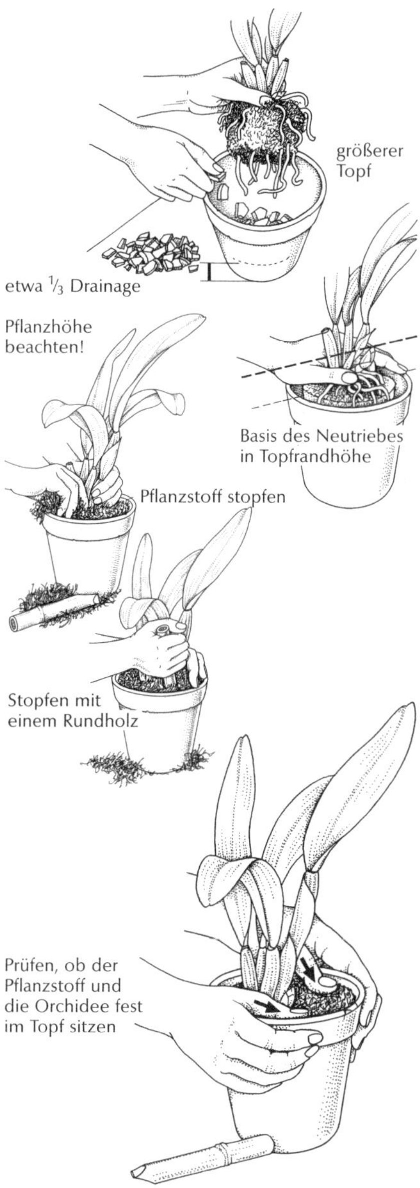


**Vor Austopfen gut wässern**

**Arbeitsschritte beim Umpflanzen:**

1. **Pflanze aus ihrem Gefäß entnehmen und Wurzeln vom alten Pflanzstoff befreien**
2. **Wurzeln »putzen«**
3. **Neues, ausreichend großes Pflanzgefäß mit Drainageschicht füllen (etwa $\frac{1}{3}$)**
4. **Einsetzen der Pflanze, richtige Höhe und Stand entsprechend Wuchsform beachten**
5. **Substrat einfüllen und andrücken**
6. **Prüfen, ob die Pflanze fest genug im Substrat steht**
7. **Gießrand! (1–2 cm)**
8. **An einem Stab aufbinden, wenn Halt erforderlich ist**

# Das Verpflanzen

**Stand der Pflanze im neuen Gefäß**

**Rückbulben → Abschnitt Vermehrung S. 118**

**Beim Aufbinden Größenzuwachs der Pflanze beachten**

**Moosauflage bei *Paphiopedilum***

**Orchideen am Block werden selten verpflanzt**

- Die Pflanze wird so eingesetzt, daß sich der Neutrieb in Höhe des Gefäßrandes befindet. Bei Orchideen mit sympodialem Wuchs steht die älteste Pseudobulbe am Topfrand bzw. in einer Ecke des Korbes. Der neue Trieb kommt in die Mitte von Topf oder Korb. Man pflanzt etwa drei bis fünf beblätterte Pseudobulben ein, die restlichen werden abgeschnitten und als Rückbulben verwendet. Monopodial wachsende Orchideen wie z. B. *Vanda* stehen mit dem Sproß in der Mitte des Pflanzgefäßes.

Die Pflanzen müssen fest stehen, evtl. wird mit einem Holzstab nachgestopft. Auf einen ausreichenden Gießrand ist zu achten. In Rinden- oder Torfsubstraten stehen die Pflanzen ziemlich locker, dann ist oft ein Aufbinden an einen Stab erforderlich. Bei *Paphiopedilum* hat man früher die Substratoberfläche mit Moos belegt, um eine gleichmäßige Feuchtigkeit zu erreichen.

*Blockkultur*
Orchideen am Block erhalten in der Regel neuen Pflanzstoff, ohne die Pflanze von der Unterlage zu lösen. Nur wenn diese verrottet oder zu klein geworden ist, tauscht man sie aus. Dem Umsetzen geht die Auswahl einer geeigneten Unterlage voraus. Dabei muß das Größenverhältnis zur Pflanze stimmen. Besonders bei Arten mit sich nach oben verlängerndem Sproß ist darauf zu achten, daß über der Pflanze noch genügend

Raum für das Anheften bzw. Aufbinden der neuen Triebe bleibt. Man befestigt die Pflanzen so, daß in den Neutrieben kein Wasser stehen bleiben kann.

- Die Unterlage wird mit einer dünnen Schicht Substrat belegt.
- Darauf hält man die Pflanze entsprechend ihrer Wuchsweise, belegt die Wurzeln mit Substrat und bindet sie mit Kunststoffaden fest.
- Es ist auch möglich, Orchideen ohne Substrat aufzubinden. Die Pflanzen müssen dann öfter gesprüht und gedüngt werden.

Holzkörbchen sind kaum wieder zu verwenden. Kleinere setzt man mit der Pflanze in größere ein und füllt Substrat nach.

Nach dem Verpflanzen vertragen die Wurzeln nicht viel Feuchtigkeit, deshalb wartet man – nach entsprechendem Angießen – mit dem Gießen oder Tauchen etwa zwei Wochen und sorgt für hohe Luftfeuchtigkeit durch öfteres Sprühen sowie für genügend Schatten. Um die Wurzelbildung anzuregen, sind etwas höhere Temperaturen günstig. Nach etwa drei bis vier Wochen werden die Pflanzen wie eingewurzelte Exemplare weitergepflegt.

Orchideen mit Kümmerwuchs sind oft wurzelkrank. Man nimmt sie auch außerhalb der Pflanzzeit aus dem Gefäß und setzt sie in frisches Substrat ein. Alle kranken Wurzeln werden entfernt und die verbleibenden desinfiziert. Günstig ist oft ein etwas kleineres Gefäß, wichtig eine gute Drainage.

Montage am Block

Block mit Substrat belegen, Pflanze aufsetzen, Wurzeln mit etwas Substrat bedecken

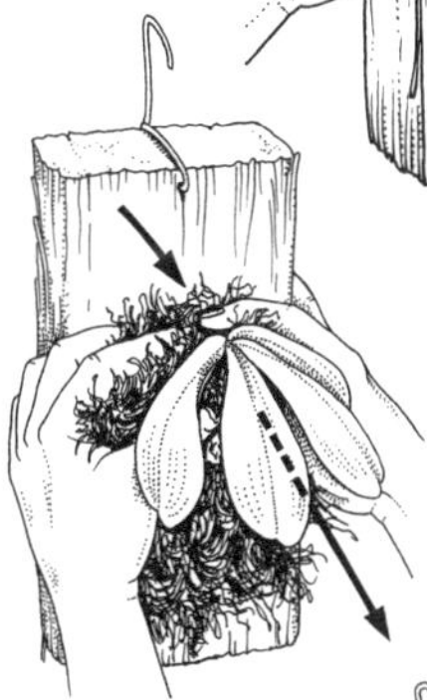

Richtig montieren, Wasser muß gut ablaufen können

Pflanze und Pflanzstoff mit Kunststoffaden gut befestigen

Wurzelkranke Orchidee (Kümmerwuchs)

**Montage der Orchideen am Block**

**Die Pflanze muß fest sitzen, damit sie gut anwachsen kann**

**Wichtig nach dem Verpflanzen:**
**- mäßige Wassergaben**
**- hohe Luftfeuchte**
**- reichlich Schatten**

**Behandlung bei Kümmerwuchs**

# Schädlinge und Krankheiten

**Tierische Schädlinge Seite 99**

**Pflanzen-krankheiten Seite 102**

Ungünstige Wachstumsbedingungen fördern den Befall mit Schädlingen und Krankheiten. Besonders geschwächte Pflanzen können Krankheitsherde und Ausgangspunkt des Schädlingsbefalls sein. Sauberkeit und Hygienemaßnahmen sind ebenso wie optimale Umweltbedingungen Voraussetzung für einen gesunden Pflanzenwuchs. Tierische Schädlinge, pilzliche Erreger aber auch Viren und Bakterien werden durch die Luft, durch Arbeitsgeräte, verunreinigtes Gießwasser sowie verseuchte Pflanzgefäße und Kultursubstrate übertragen. Man sollte jede neu in die Sammlung aufgenommene Orchidee auf möglichen Befall überprüfen. Das frühzeitige Erkennen eines Schädlings- oder Krankheitsbefalles durch laufende Kontrolle erleichtert die Bekämpfung und führt schneller zum gewünschten Erfolg. Einzelne Schädlingsbekämpfungsmittel sind hier nicht angegeben. Es wird empfohlen, sich in einschlägigen Geschäften oder Orchideengärtnereien zu informieren. Viele Pflanzenschutzmittel unterliegen dem Giftgesetz. Anweisungen zu Dosierung und Umgang müssen eingehalten werden. Bei Orchideen ist bisher keine Empfindlichkeit gegenüber bestimmten Mitteln bekannt. Es ist aber möglich, daß weichblättrige empfindlicher reagieren als hartblättrige Arten.

In der Wohnung sollte man nicht mit giftigen Mitteln arbeiten, sondern mechanische Methoden der Beseitigung bevorzugen. Sind chemische Mittel nicht zu vermeiden, ist die Behandlung im Freien durchzuführen. Dabei stets auf die Windrichtung achten. Kinder und Haustiere sollten sich nicht in der Nähe aufhalten.

## Tierische Schädlinge

Ameisen schädigen nur sekundär, da sie Blatt- und Schildläuse von einer Pflanze zur anderen verschleppen. Eine Bekämpfung gelingt durch Auslegen von Ködern aus einer Mischung von 25 g Borax (in Drogerien erhältlich) und 100 g Zucker – Mischung auf die »Ameisenstraßen« streuen – oder durch im Handel erhältliche Präparate.

**Ameisen**

Blasenfüße (Thripse) sind etwa 1–2 mm lang und blaßgelb bis schwarz gefärbt. Sie schädigen durch Saugen an Blättern, Blütenknospen oder Blüten. Als Schadbilder sieht man braunfleckige oder verkrüppelte Blüten und gelbgrüne bis silbrig gesprenkelte, später korkartige Blätter, verunreinigt mit schwarzen Kotteilen. Optimale Ernährung, ausreichendes Gießen und Belüften beugt einem Befall vor.

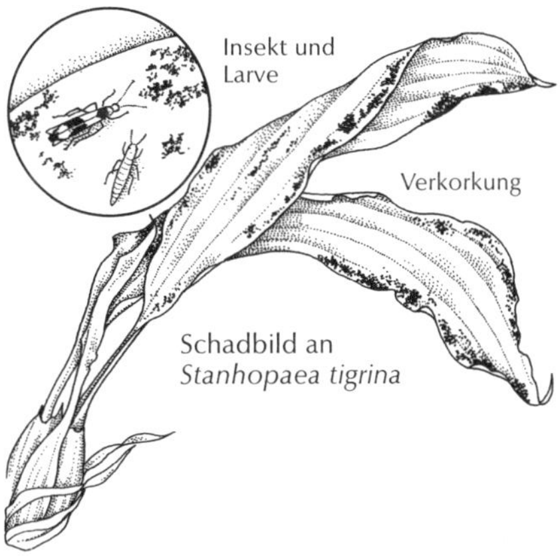

Schadbild an *Stanhopaea tigrina*

**Thripse**

**Gegen alle saugenden Insekten wirken systemische Pflanzenschutzmittel, die von den Wurzeln aufgenommen werden und mit dem Saftstrom in die oberen Pflanzenteile gelangen.**

Blattläuse sind grüne, gelbe oder schwarze weiche Insekten, die an Blättern und jungen Trieben saugen. Die Folge sind gekrümmte oder gekräuselte Blätter. Zu den natürlichen Feinden zählen Marienkäfer, Schweb- und Florfliegen sowie Schlupfwespen. Oft hilft schon ein Abwaschen mit Seifenlösung.

**Blattläuse – mit Seifenlösung abwaschen, nachspülen mit Wasser**

Kellerasseln fressen auch Wurzelspitzen

Kartoffelscheibe zum Fangen

Kellerasseln fressen besonders verwesende Stoffe, aber auch Wurzelspitzen und junge, zarte Pflanzenteile. Zur Bekämpfung legt man ausgehöhlte Kartoffelscheiben aus, unter denen sich

**Kellerasseln**

# Schädlinge und Krankheiten

**Schildläuse befallen hartblättrige Orchideen – Bekämpfung mit Kontaktinsektiziden bei Jungtieren**

**Schmier- oder Wollläuse vermehren sich bei hoher Wärme und niedriger Luftfeuchte besonders stark**

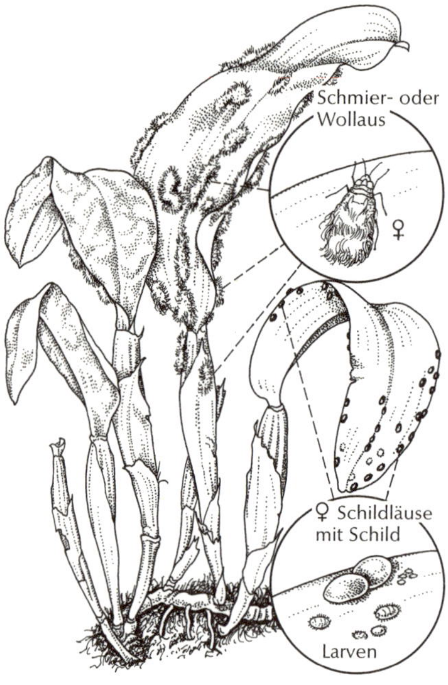

Woll- und Schildläuse befallen besonders hartblättrige Orchideen

**Schnecken fressen hauptsächlich an zarten Pflanzenteilen**

Schneckenfraß bei *Cattleya*

die lichtscheuen Tiere am Tage verkriechen.

Schildläuse befallen bevorzugt hartblättrige Orchideen. Sie sind nur im Jugendstadium beweglich. Sobald sie sich an geeigneter Stelle festgesetzt haben, verhärtet ihr Schild und übliche Bekämpfungsmittel versagen. Noch weiche Jungtiere sind mit Spritzungen von Kontaktinsektiziden bekämpfbar, ebenso mit einer Emulsion aus 90 ml Wasser und 10 ml Petroleum. Die Tiere werden damit bepinselt – gegen Entmischung ist ständig umzurühren.

Schmier- oder Wolläuse sind mit Schildläusen verwandt. Man erkennt sie an dem weißwolligen, wachsartigen Schutzüberzug. Die Schädlinge saugen an Blättern und Trieben. Es entstehen gelbe Flecken und Wuchshemmungen. Eine Bekämpfung ist durch mehrmalige mechanische Beseitigung der Tiere in ihren Schlupfwinkeln möglich, aber auch mit einer Mischung aus 0,5 l Wasser, 10 g gelber Schmierseife und 5 ml Brennspiritus bzw. Petroleum.

Schnecken verursachen Fraßschäden an Wurzeln, jungen Trieben, Knospen und Blüten. Die sicherste Bekämpfung ist das Absammeln der Tiere nach Eintritt der Dunkelheit bei wenig Licht. Im Handel sind Köder erhältlich, die aber nach dem Auslegen ebenfalls ein Ablesen der Schnecken erfordern, da sie in der Regel nur Betäubungssubstanzen enthalten. Blüten schützt man gegen Schneckenfraß durch einen stets trokkenen Streifen Watte, den man um den Blütenstandschaft legt.

Spinnmilben sind etwa 0,5 mm groß und gelblich oder rötlich (»Rote Spinne«) gefärbt. Sie leben auf der Unterseite der Blätter, häufig unter einem feinen Netz. Trockene, warme Luft begünstigt den Befall. Die Blätter sind gelblich gesprenkelt und sterben später ab. Die Bekämpfung erfolgt mit chemischen Mitteln, die wegen der raschen Bildung resistenter Stämme öfter gewechselt werden müssen. Bei Einzelpflanzen ist häufiges Abwaschen der Blattunterseiten mit einem Schwamm oder einer Bürste und etwas Seifenlauge empfehlenswert.

Trauermücken schädigen durch ihre weißlichen Larven mit schwarzem Kopf, die besonders an den Wurzeln von Jungpflanzen fressen. Die Bekämpfung kann mit Insektivoren erfolgen. Das sind insektenfangende Pflanzen wie Sonnentau (*Drosera*), deren Blätter Tentakeln bzw. Drüsenhaare besitzen. Sie scheiden klebrige Sekrete aus. Daran bleiben die Trauermücken hängen. Die Weichteile des Insektes werden mit Hilfe von Enzymen verdaut.

Weichhautmilben rufen durch Saugen an Blüten- oder Blattknospen Verkrüppelungen sowie Verdickung des Gewebes oder Deformation des Stiels

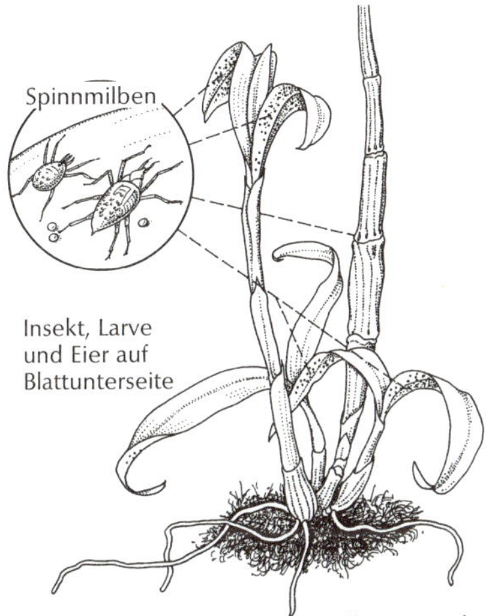


Bei starkem Befall von Spinnmilben werden Blätter abgeworfen

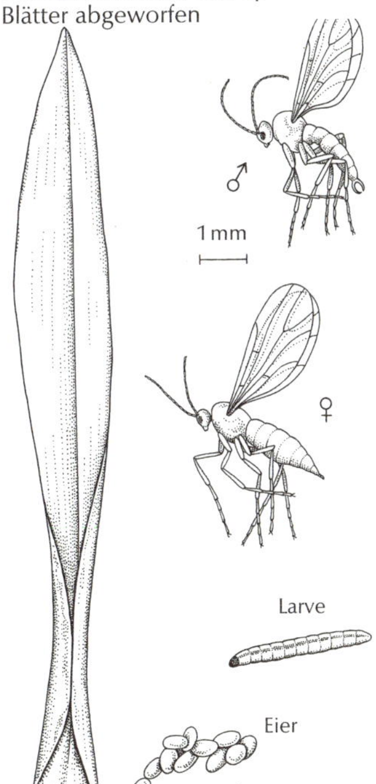


Trauermückenlarven fressen an Jungpflanzen

**Spinnmilben leben vorwiegend auf der Blattunterseite**

**Trauermücken lassen sich mit insektenfangenden Pflanzen bekämpfen**

**Weichhautmilben schädigen besonders weichblättrige Orchideen**

# Schädlinge und Krankheiten

**Wurzelmilben bevorzugen feuchtes Substrat**

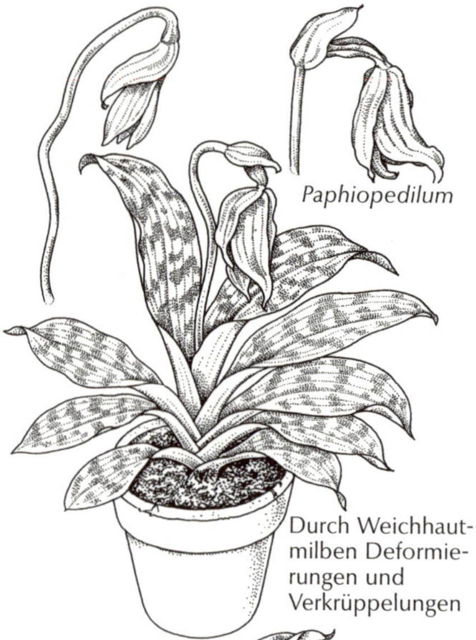


**Brennfleckenkrankheit tritt vorwiegend bei ungünstigen Umweltbedingungen auf**

**Vermehrungspilze befallen besonders Sämlinge und Jungpflanzen**

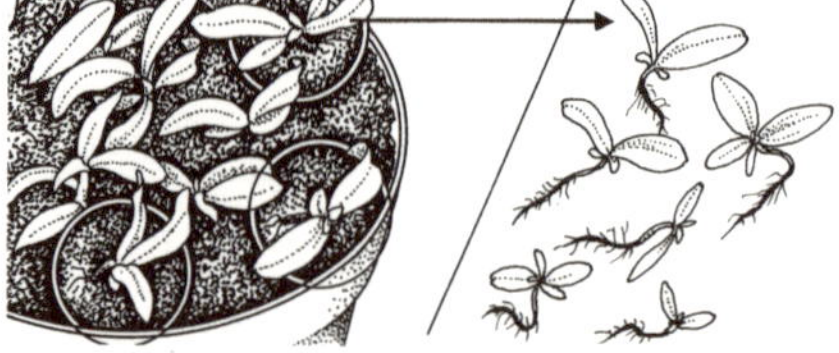

Vermehrungspilze an Jungpflanzen

hervor. Häufig tritt Korkbildung auf. Die Bekämpfung kann mit chemischen Spritzmitteln erfolgen.

Wurzelmilben treten sekundär an schwachen und kränkelnden Pflanzen auf und fressen die Wurzeln von innen aus. Die Bekämpfung erfolgt durch Abspritzen der Wurzeln mit einem scharfen Wasserstrahl und anschließendes Tauchen in einer Desinfektionslösung.

### Pflanzenkrankheiten

Die Brennfleckenkrankheit verursacht kreisförmige oder unregelmäßige, scharf abgegrenzte, braune, bis zu 2 cm große Flecken. Bei starkem Befall können Pseudobulben und Blätter absterben. Die Erreger sind verschiedene Pilze. Durch hohe Temperaturen, hohe Luftfeuchtigkeit, Lichtmangel und Überdüngung wird ihre Vermehrung begünstigt. Um einer weiteren Verbreitung vorzubeugen, entfernt man erkrankte Pflanzen bzw. -teile und sorgt für normale Umweltbedingungen. Eine Bekämpfung erfolgt durch Spritzen mit Fungiziden (pilztötenden Mitteln).

Vermehrungspilze rufen die sogenannte »Schwarzbeinigkeit« hervor, bei der Wurzeln und Gewebe weich werden. Sie befallen besonders Sämlingskulturen. Hohe Luftfeuchtigkeit und starkes Wässern fördern den Befall. Durch Geräte, Pflanzgefäße,

Pflanzstoffe oder verseuchtes Gießwasser ist eine Übertragung möglich. Um einem Befall vorzubeugen, vermeidet man zu hohe Luftfeuchte und hohe Wärme, Überdüngung, Lichtmangel, zu engen Pflanzenstand, stehende Luft und besonders nachts nasse Pflanzen.

Viruskrankheiten treten gelegentlich auf und sind nicht zu bekämpfen. Befallene Pflanzen müssen vernichtet werden. Durch saugende Schädlinge, z. B. Blattläuse, aber auch durch Arbeitsgeräte beim Schneiden von Pflanzenteilen oder Blüten können die Viren übertragen werden. Deshalb soll man z. B. Messer nach jedem Schnitt bzw. jeder Pflanze desinfizieren. – Virus-Arten kommen nicht nur an Orchideen vor, deren Gattungsnamen sie tragen.

**Wichtige Virus- Arten:**
- **Schwarzstrichelkrankheit (*Cymbidium*- Streifenvirus)**
- ***Cymbidium*-Mosaikvirus**
- **Tabak-Mosaikvirus**
- ***Odontoglossum*-Ringfleckenvirus**
- **Viröse Blattfleckenkrankheit**

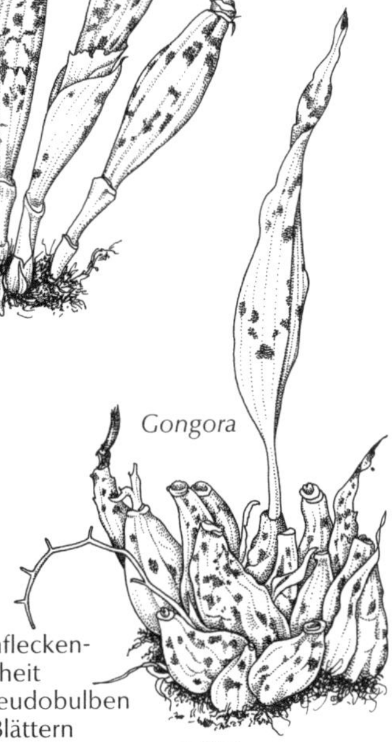


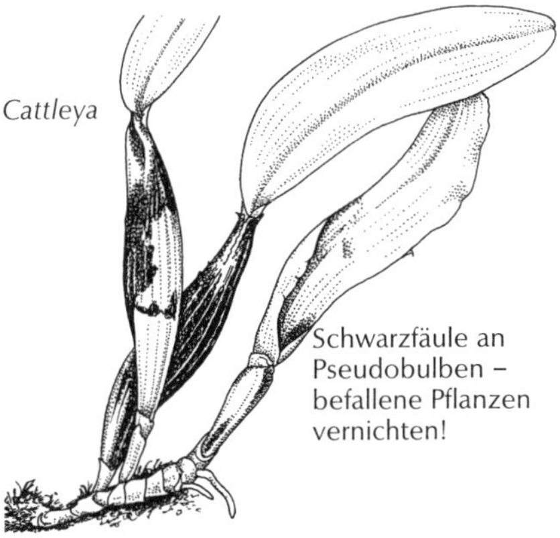


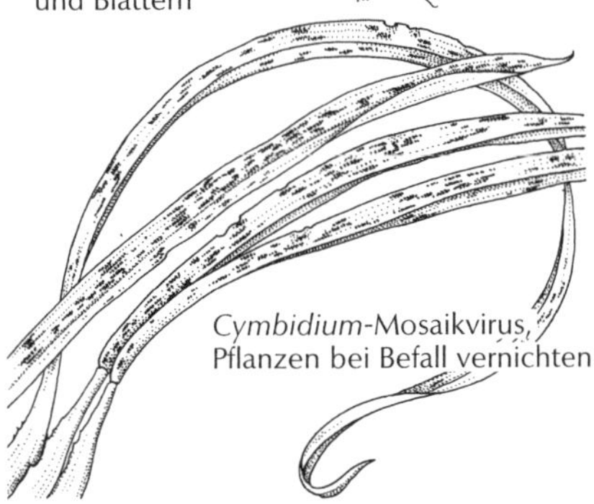

# Die Vermehrung

**Generative Vermehrung Seite 105**

Zur Vergrößerung einer Orchideensammlung kann man zwei unterschiedliche Vermehrungsmethoden anwenden.

- generative oder geschlechtliche Vermehrung
- vegetative oder ungeschlechtliche Vermehrung

**Vegetative Vermehrung Seite 116**

Die generative Vermehrung ist nicht leicht durchzuführen und langwierig. Orchideen leben in Symbiose (Gemeinschaft) mit Wurzelpilzen. Deren Hyphen (Pilzfäden) wachsen in die Zellen der äußeren Gewebeschichten der Wurzeln ein, werden »verdaut« und sichern so die Ernährung der Pflanzen. Orchideensamen besitzen kein Nährgewebe, das bei anderen Pflanzen zur ersten Ernährung des keimenden Embryos dient. Auch diese Funktion übernehmen die Wurzelpilze. Es gibt zwei Aussaatmethoden:

1. Die symbiotische Aussaat entspricht dem Keimvorgang in der Natur mit Hilfe von Wurzelpilzen. Sie wird heute kaum noch durchgeführt.
2. Bei der asymbiotischen Methode werden einer Trägersubstanz Zucker und Mineralstoffe zur Ernährung der Sämlinge beigefügt. Die Aussaat erfolgt in Glasgefäßen unter sterilen Bedingungen.

Die vegetative Vermehrung ist mit Ausnahme der Gewebekultur leicht durchzuführen. Sie erfolgt durch:

- Teilung von Pflanzen – Teilstücke, Rückbulben
- Bildung von Adventivpflanzen – Kindel (Keiki)
- Stecklinge – Abmoosen
- Gewebekultur

Es entstehen völlig erbgleiche Nachkommen (Klone). Außer bei der Gewebekultur erhält man jedoch nur wenige neue Pflanzen.

## Generative Vermehrung

Die Aufzucht von Orchideen aus Samen ist an besondere Bedingungen gebunden und in ihrer Arbeitsweise kompliziert. Bei der asymbiotischen Keimung sind steriles Arbeiten und ein Nährmedium, in der Regel auf der Basis von Agar-Agar, erforderlich. Agar-Agar besteht aus Zellwandschleimstoffen verschiedener ostasiatischer Rotalgen und enthält nur wenige Nährstoffe. Es wird getrocknet, gereinigt und kommt als Fäden, heute meist zu Pulver gemahlen, in den Handel. Im kochenden Wasser wird Agar-Agar flüssig und erstarrt bei Abkühlung gallertartig.

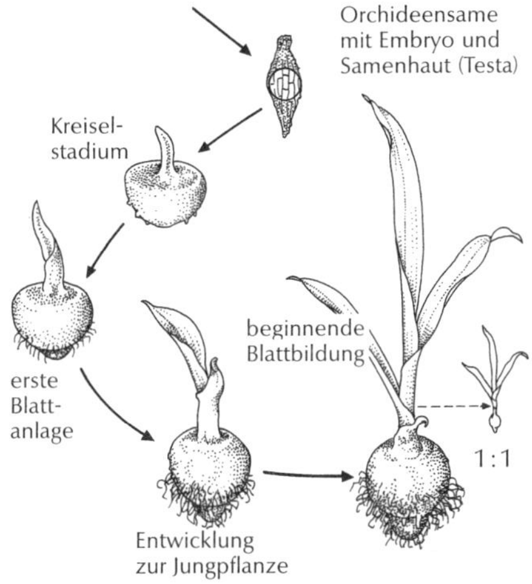


Entwicklung im Glasgefäß (in vitro)

**Voraussetzung sind Bestäubung und Befruchtung → Abschnitte Botanik S. 19, Züchtung S. 128**

**Asymbiotische Aussaat in-vitro (Kultur im Glas)**
- **Agar-Agar als Trägersubstanz**
- **Mineralstoffe**
- **Zucker**
- **Zusätze wie Vitamine, Hormone u. a. Wirkstoffe**

*Nährboden*

Wichtig ist die Konsistenz des Nährbodens. Bei zu weicher Beschaffenheit ist die Bearbeitung schwierig, zu fest bis lederig hemmt sie die Entwicklung der Sämlinge.

Seit einiger Zeit gewinnen Zusätze natürlicher Stoffe zur Keim- und Wuchsförderung, besonders Eiweißstoffe (Aminosäuren) und Vitamine des B-Komplexes, an Bedeutung. Zusätze pflanzlicher Herkunft zur Förderung des Wachstums der Sämlinge sind:

- Ananassaft, ungesüßt: 100 ml/l Nährboden
- Bananenmus: 50–100 g/l Nährboden (das Mark grüner Bananen wird durch ein nichtmetallisches Sieb gepreßt)
- Birkenblutungssaft: 100 ml/l Nährboden (wird im Frühjahr gewonnen)

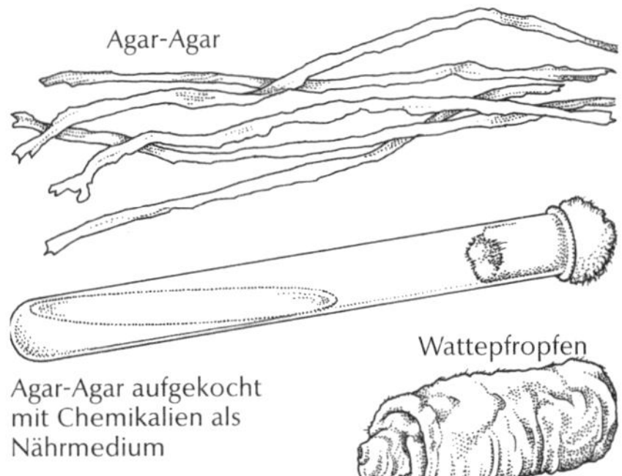


Vorbereitung zur generativen Vermehrung

**Zusätze natürlicher Stoffe zur Keim- und Wuchsförderung**

| | Nährmedium | | | |
|---|---|---|---|---|
| | Eg-I nach Burgeff Teilmedium a) | b) | Burgeff Eg-I modifiziert nach Sladden | Thomale 1954 (»GD«) modifiziert |
| | beide Medien getrennt mit je 500 ml destilliertem Wasser ansetzen, vor Aufkochen Agar-Agar und Zucker zugeben. | | | kalkfreier Nährboden |
| pH-Wert | 5,1 | | 5,1 | 5,0 bis 5,2 |
| Calciumnitrat $Ca(NO_3)_2 \times 4H_2O$ | 1,00 g | | 1,00 g | |
| Ammoniumsulfat $(NH_4)_2SO_4$ | 0,25 g | | 0,70 g | 0,06 g |
| Magnesiumsulfat $MgSO_4 \times 7H_2O$ | 0,25 g | | 0,30 g | |
| Eisensulfat aus Alkohol gefällt $FeSO_4 \times 7H_2O$ | 0,02 g | | | 0,02 g |
| Dikaliumphosphat $K_2HPO_4$ | | 0,25 g | | |
| Monokaliumphosphat $KH_2PO_4$ | | 0,25 g | 0,40 g | 0,30 g |
| Eisenzitrat $FeC_6H_5O_7 + 3H_2O$ | | | 0,20 g | |
| Kaliumzitrat $K_3C_6H_5O_7$ | | | 0,35 g | |
| Ammoniumnitrat $NH_4NO_3$ | | | | 0,37 g |
| Kaliumnitrat $KNO_3$ | | | | 0,40 g |
| Magnesiumnitrat $Mg(NO_3)_2 \times 6H_2O$ | | | | 0,11 g |
| Nährzucker | Glukose 10,00 g Lävulose 10,00 g (= d-Fruktose) | | Glukose 20,00 g | Glukose 10,00 g Fruktose 10,00 g |
| Destilliertes Wasser | 1000 ml | | 1000 ml | 1000 ml |
| Agar-Agar | 8,00 g bis 15,00 g | | 10,00 g bis 14,00 g | 10,00 g bis 14,00 g |
| Zum Beispiel geeignet für | *Cattleya* *Dendrobium* *Oncidium* u. a. | | *Phalaenopsis* | *Paphiopedilum* |

**▷ Die prächtigen Blüten der *Miltonia*-Hybriden sind an der Pflanze lange haltbar.**

- Kokosmilch: 50–100 ml/l Nährboden (Milch unreifer Früchte)
- Tomatensaft: 50–70 ml/l Nährboden

Heute gibt es auch fertige Instant-Nährböden zu kaufen. Sie sind zum Teil speziell für bestimmte Gattungen hergestellt. Eigene Erfahrungen über die optimale Zusammensetzung kann man dann jedoch nicht mehr einfließen lassen.

Herstellung des Nährmediums:
Aus den Grundstoffen (Nährsalze und Zucker) je nach Rezeptur, Zusätzen pflanzlicher Herkunft, Vitaminen u. a. Wirkstoffen wird eine entsprechende Nährlösung hergestellt. Man fügt Agar-Agar hinzu, stellt den pH-Wert ein und kocht alles zusammen auf. Damit sich der Nährboden nicht ansetzt, ist öfter umzurühren. Die heiße Flüssigkeit füllt man mit einem Trichter in die Aussaatgefäße, ohne die Wandung zu benetzen. Die mit Watte- oder Zellstoffpfropfen verschlossenen Gefäße werden sterilisiert und schräg gestellt, um die Oberfläche zu vergrößern. Der Nährboden darf nicht bis zum Pfropfen reichen, da dieser sonst feucht wird und dadurch Hyphen (Pilzfäden) eindringen können. Nach langsamem Abkühlen, um Kondenswasser zu vermeiden, ist der Nährboden erstarrt und zur Aussaat gebrauchsfähig.

*Aussaatgefäße*
Es können zahlreiche hitzebeständige

**Angraecum sesquipetale**
Das Areal der Gattung *Angraecum* mit etwa 200 Arten erstreckt sich auf das tropische Afrika, Madagaskar und die umliegenden Inseln. Die Pflanzen bilden meist verlängerte, beblätterte Sprosse und wachsen epi- oder lithophytisch, teilweise auch terrestrisch. Ihre meist weißlichgrünen Blüten können sehr klein sein, manchmal aber auch relativ groß, und sind stets gespornt. – Die Pflanzen verlangen temperierte bis warme, vorwiegend halbschattige, luftfeuchte Pflegeräume. Eine Ruheperiode im Winter wird bei etwas herabgesetzten Temperaturen und durch verringerte Substratfeuchtigkeit angedeutet.

**Calanthe vestita**
Die mehr als 150 Arten der Gattung *Calanthe* kommen von Südafrika durch das tropische Asien bis Australien vor. Sie wachsen vorwiegend terrestrisch. Die Gattung wird in laubabwerfende (Preptanthe) und immergrüne ((Eu) Calanthe) eingeteilt. Als erste Orchideenkreuzung überhaupt blühte 1856 *Calanthe* Dominyi aus *Cal. masuca* x *Cal. furcata*. – Die Pflanzen sollten halbschattig bei nicht zu niedriger Luftfeuchtigkeit gepflegt werden. Nach der Blüte, meist im Dezember, verlieren die Pflanzen ihre Blätter und ruhen warm gestellt bis Ende März. Hat sich der Neutrieb fingerlang entwickelt, wird jährlich in ein nährstoffreiches Substrat verpflanzt.

**Brassavola (Rhyncholaelia) digbyana**
Zur Gattung *Brassavola* gehören etwa 15 Arten, die von Mexiko bis Nordargentinien epi- oder lithophytisch wachsen. Die kleinen Pseudobulben tragen ein stielrundes Blatt. Gleichmäßig geformte gelbgrüne Blütenblätter sowie eine weiße Lippe kennzeichnen die zarten Blüten. Zu einer eigenen Sektion – auch zur Gattung *Rhyncholaelia* gestellt – gehören die großblütigen Arten mit breiten Blättern. Sie werden vorwiegend zur Erzielung großblütiger *Cattleya*-Hybriden verwendet. – Alle Arten lieben viel Licht und im Sommer hohe Temperaturen bei ausreichender Feuchtigkeit. Auch im Winter ist ein heller Standort bei verringerter Substratfeuchte wichtig.

**Cattleya aclandiae**
Die etwa 50 Arten umfassende Gattung *Cattleya* kommt von Südmexiko bis Peru und Südbrasilien vor. Es gibt Arten mit einem oder zwei Blättern an der Spitze der Pseudobulben. Terminal steht der meist relativ kurze Blütenstand. Nur selten ist er lang und reichblütig. Die Lippe der attraktiven Blüten ist spatel- oder tütenförmig. – Die Pflege erfolgt im Topf oder im Korb, bei kleinwüchsigen Arten auch am Block. Für die Blütenbildung ist viel Licht günstig. *Cattleya* lieben höhere Luftfeuchte und warme bis temperierte Pflegeräume. Die Ruheperiode soll bei Arten mit dicken Pseudobulben ausgeprägt sein, während sie bei solchen mit dünneren nur angedeutet wird.

# Die Vermehrung

**Gefäße mit Nährlösung sterilisieren:**
**- im Kochtopf mit Einsatz (Dampftopf) 20 Minuten an drei aufeinanderfolgenden Tagen**
**- im Schnellkochtopf (Dampfdruckprinzip) bzw. Autoklav (bei 120°C) = 20 Minuten**

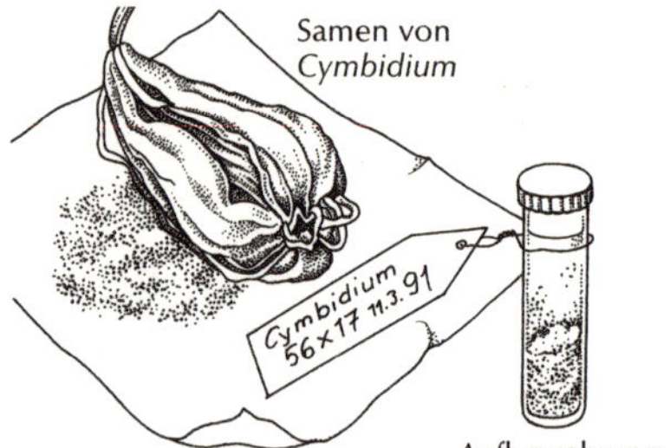


Gefäße mit möglichst kleinen Öffnungen, z. B. Reagenzgläser, Erlenmeyerkolben, kleine Flaschen oder Gläser, verwendet werden. Diese muß man vor dem Einbringen des Nährbodens desinfizieren.

Durch das Verschließen des Aussaatgefäßes mit gedrehten Watte- oder Zellstoffstopfen wird das Eindringen von Pilzen und Bakterien verhindert, der Gasaustausch bleibt jedoch gewährleistet.

*Aussaat*

**Samen desinfizieren**

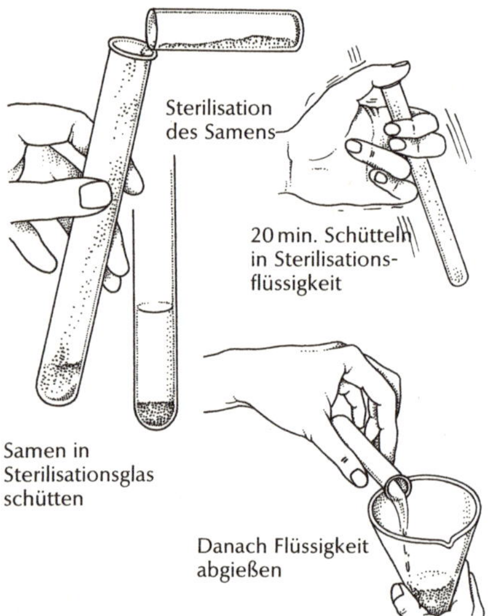


Ausgereifter Samen aus aufgeplatzten Samenkapseln muß desinfiziert werden. Dazu nimmt man z. B. 10 g frischen Chlorkalk für 140 ml destilliertes Wasser. Der Aufguß wird filtriert, mit dem Samen in ein Glasröhrchen gegossen und etwa 20 Minuten intensiv geschüttelt.

**Um bei wertvollem Samen nicht durch Pilzbefall alles zu verlieren, verteilt man den Samen auf mehrere Gefäße**

**Samen in geschlossener Fruchtkapsel ist keimfrei**

Sind die Samenkapseln noch nicht aufgeplatzt, entfällt das Desinfizieren des Samens. Dafür wird die Kapsel abgeflammt, mit einem ebenfalls abgeflammten Skalpell durch zwei Längsschnitte geöffnet, der Samen mit einer desinfizierten Impföse (Impfspatel) entnommen und auf den Nährboden übertragen. Das sterile Arbeiten erfolgt in Wasserdampf oder in der Nähe einer Spiritus- bzw. Gasflamme.

**Durchführung der Aussaat**

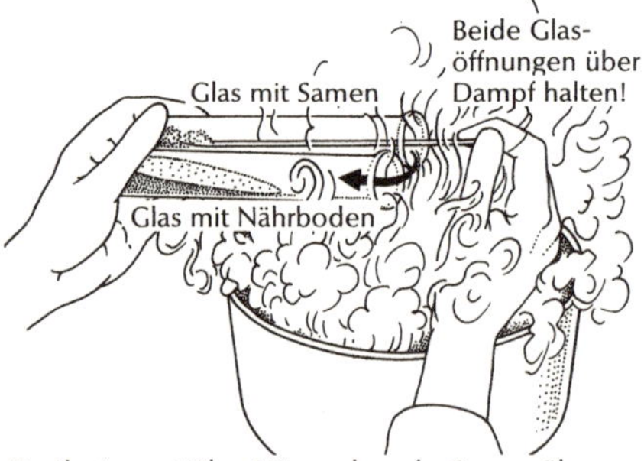


Sterile Aussaat über Wasserdampf – Samen über Dampf entnehmen, auf Nährboden bringen und verstreichen

Das sterile Aussaatgefäß sowie das Gefäß mit dem aseptischen Samen werden mit einer Hand in den Wasserdampf gehalten. Mit einer Impföse entnimmt man etwas Samen und verteilt ihn möglichst gleichmäßig auf der Oberfläche des Nährbodens. Erfolgt die Übertragung des Samens auf das Nährmedium rasch, ist die Infektionsgefahr gering. Wichtig ist, daß beide Öffnungen der Reagenzgläser ständig in den Wasserdampf bzw. in die Nähe der Flamme gehalten werden.

Nach dem Übertragen der Samen wird ein Watte- oder Zellstoffstopfen abgeflammt und soweit in das Gefäß geschoben, daß er nur noch wenig über den Rand hinaussteht. Zur Sicherung flammt man das so verschlossene Reagenzglas nochmals ab.

Um keine Pilze oder Bakterien in das Aussaatgefäß eindringen zu lassen, kommt als Abdeckung über den Stopfen eine dünne mit einem Fungizid eingepuderte Zellstoffschicht. Darüber wird ein Stück Aluminium- oder Kunststoffolie gebunden, um die Wasserverdunstung aus dem Nährboden weitgehend zu verhindern. Eine absolut sichere Möglichkeit, das Eindringen von Pilzsporen und Bakterien zu verhindern, gibt es kaum. Wichtig ist der stets trockene Stopfen. Zuletzt wird das Aussaatgefäß noch mit Datum und Namen der ausgesäten Orchidee beschriftet.

*Aufstellung der Aussaatgefäße*
Die verschlossenen Kulturgefäße erhalten einen Platz bei Temperaturen von etwa 22°C, 60% Luftfeuchte und diffusem Licht (1000 bis 2000 lx).

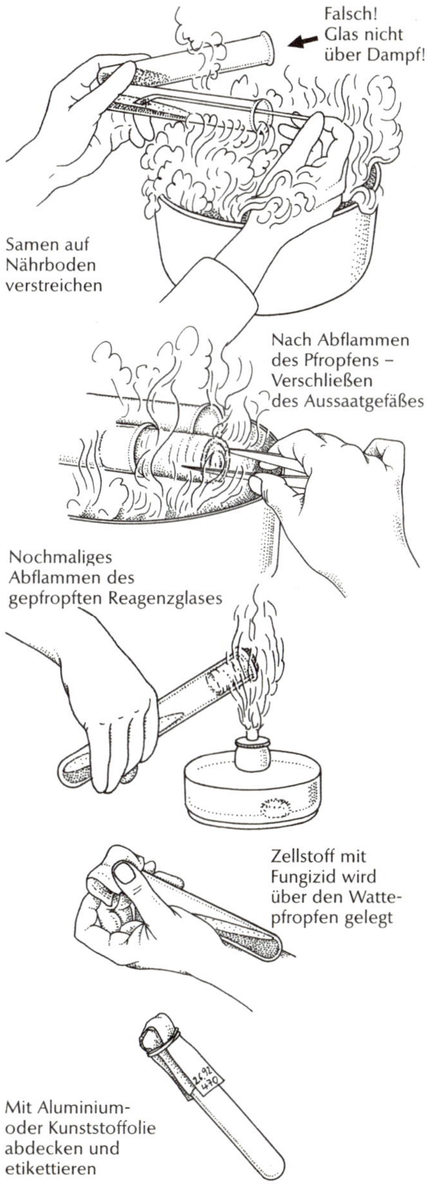


**Wichtig ist ein guter, trockener Stopfen**

**Mit einem Fungizid (pilztötendes Mittel) die Abdeckung der Gefäßöffnung schützen**

**Stopfen nochmals abflammen**

**Etikettieren nicht vergessen**

# Die Vermehrung

**Aufstellen der Gefäße bei ausreichend Licht, Wärme und Luftfeuchtigkeit**
**Ausnahme: terrestrische Orchideen keimen besser im Dunkeln**

Vollglasbecken als Brutkasten

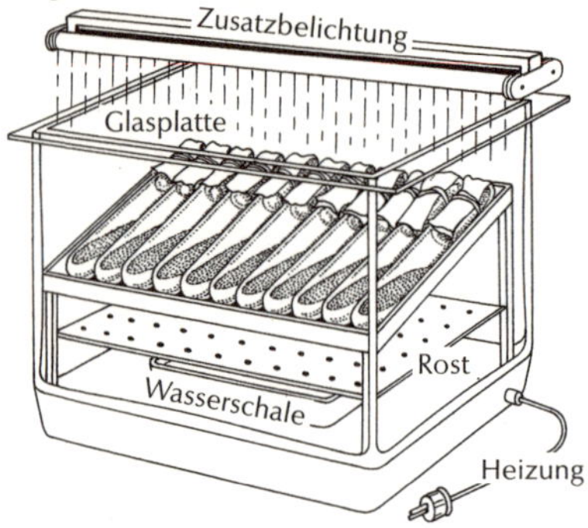


Natürliche Lichtverhältnisse Anfang November

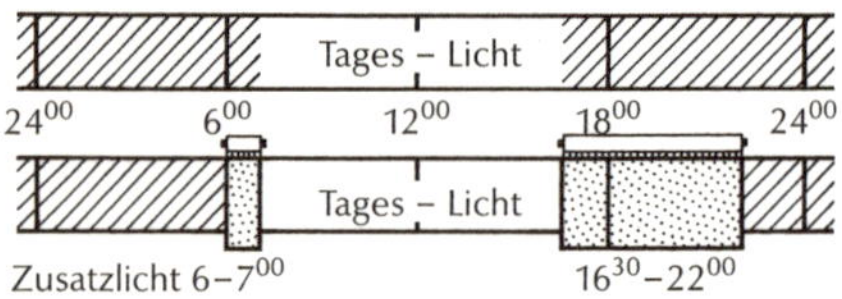


Entwicklung der Sämlinge

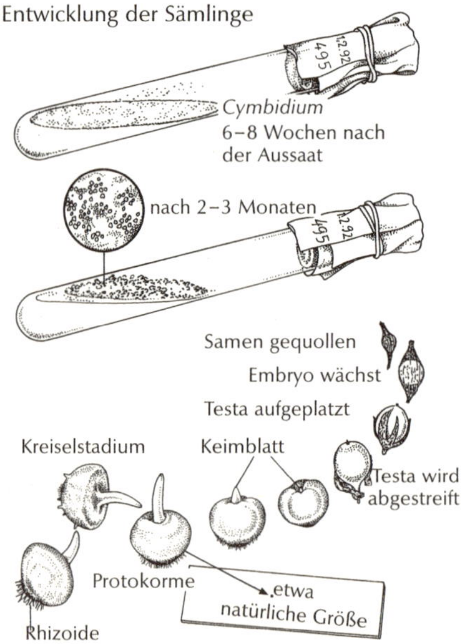


Bringt man die Aussaatgefäße in Räumen mit trockener Zimmerluft unter, kann durch Wasserverlust des Nährbodens die Entwicklung der Keimlinge gehemmt werden. Ein günstiger Unterbringungsort ist ein geschlossenes Glasgefäß mit Zusatzheizung und -belichtung. Die Luftfeuchtigkeit wird durch eine auf den Boden gestellte Wasserschale und eine abnehmbare Glasplatte reguliert. Die Reagenzgläser sollten außen trocken sein, um die Sterilität der Verschlüsse nicht zu gefährden.

Terrestrische Orchideen gemäßigter Klimate keimen meist besser im Dunkeln, brauchen jedoch zum Ergrünen Tageslicht und teilweise ein Absenken der Temperatur auf 10°C.

**Keimdauer bei:**
***Dendrobium phalaenopsis*** **und**
***Phalaenopsis***
**= 6 bis 10 Tage**
***Cattleya***
**= 15 bis 20 Tage**
***Cymbidium*** **und**
***Paphiopedilum***
**= 6 bis 10 Wochen**

*Keimung*

Die Keimung erfolgt zeitlich unterschiedlich. Die Keimlinge gleichen nach dem Aufplatzen der Samenhülle (Testa) runden Körperchen, die allmählich Kreiselform annehmen. Man spricht von Protokormen (Keimknöllchen, Zellhaufen).

Nach dem beginnenden Ergrünen (Chlorophyllbildung) entstehen wurzelähnliche Gebilde, die Rhizoiden. Einige Wochen später entwickelt sich das Keimblatt und wenig später die ersten Wurzeln.

**Schon bald ist das Umlegen auf neues Nährmedium erforderlich**

*Übertragung der Sämlinge*

Meist wird relativ dicht gesät, deshalb ist ein Übertragen der jungen Sämlinge auf frischen Nährboden bald erforder-

lich. Außerdem altern Nährböden und werden nach etwa drei Monaten inaktiv.
Das Umlegen der kleinen Pflänzchen auf ein frisches Nährmedium erfolgt in der ersten Entwicklungsphase, aber in der Regel nicht vor der Bildung von Rhizoiden (Wurzelhaare).
Eine häufige Transplantation fördert die Entwicklung. Man benutzt meist die gleichen Nährböden wie für die Aussaat, doch fördern wachstumsregulierende Phytohormone die Entwicklung der Protokorme.
Steriles Arbeiten ist ebenfalls Voraussetzung. Über Wasserdampf werden die zu eng stehenden Sämlinge mit einem Spatel in das neue Gefäß übertragen und auf den Nährboden gebracht – ohne die Wandungen der Gefäße zu berühren. Beim letzten Umlegen vor der Übertragung ins Freie wählt man den Abstand der Pflänzchen größer. Rasches Arbeiten verringert die Infektionsgefahr.

*Pikieren*

Die Übertragung aus der in-vitro-Kultur in Gemeinschaftstöpfe darf keinesfalls zu früh erfolgen. Die Sämlinge wachsen umso besser an, je kräftiger sie entwickelt sind. Erst wenn sich die jungen Pflanzen drängen und den Raum im Glasgefäß weitgehend ausgefüllt haben, wird pikiert. Dafür ist ein feinkörniges, mäßig feuchtes Substrat nötig, das zu gleichen Teilen aus Torf, Holzkohle und Sand besteht. Geeignete Pflanzgefäße sind Töpfe oder

Nach etwa 3–5 Monaten wird Nährboden inaktiv → »umlegen« erforderlich – wieder über Wasserdampf!

**Wie oft man umlegt ist abhängig:**
**- vom Wachstum der Sämlinge**
**- vom Nährboden und dessen Menge**
**- von der Größe der Gefäße**

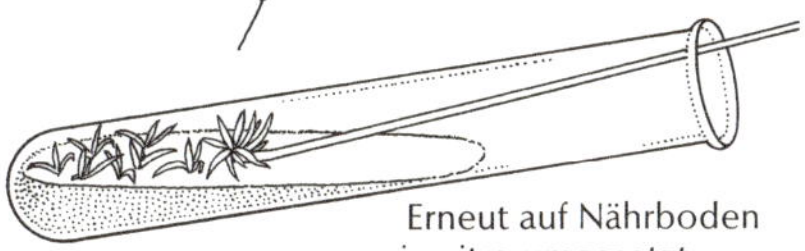

Erneut auf Nährboden in vitro umgesetzt

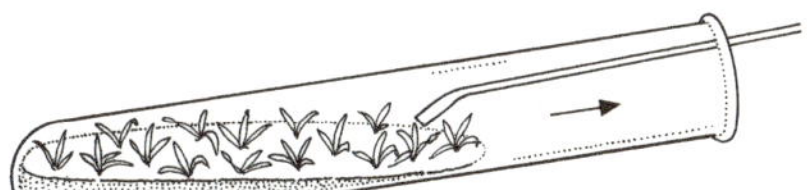

Locker verteilte Sämlinge bilden rasch Wurzeln und richten sich auf

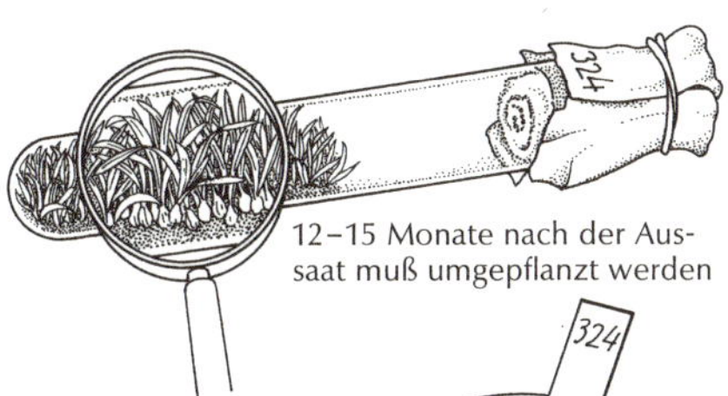


12–15 Monate nach der Aussaat muß umgepflanzt werden

**Pikiert wird erst, wenn sich die jungen Pflanzen drängen (etwa nach 12 bis 15 Monaten)**

Enges pikieren auf Substrat in Gemeinschaftstöpfen um ein günstiges Klima zu schaffen

# Vermehrung

**Drainageschicht (aufgeschäumtes Polystyrol) ist wichtig**

**Sorgfältiges Abspülen der Wurzeln von Nährbodenresten, Substrat kann sich uhrglasförmig über den Rand wölben – dadurch besseres Abtrocknen der Oberfläche (Vorbeugung Pilzbefall)**

**Bei geringer Luftfeuchtigkeit sollte eine Glasscheibe aufgelegt werden (2 bis 3 cm Abstand zu den Pflanzen) – öfteres Lüften, besonders nachts, ist erforderlich**

Aufzucht der Sämlinge

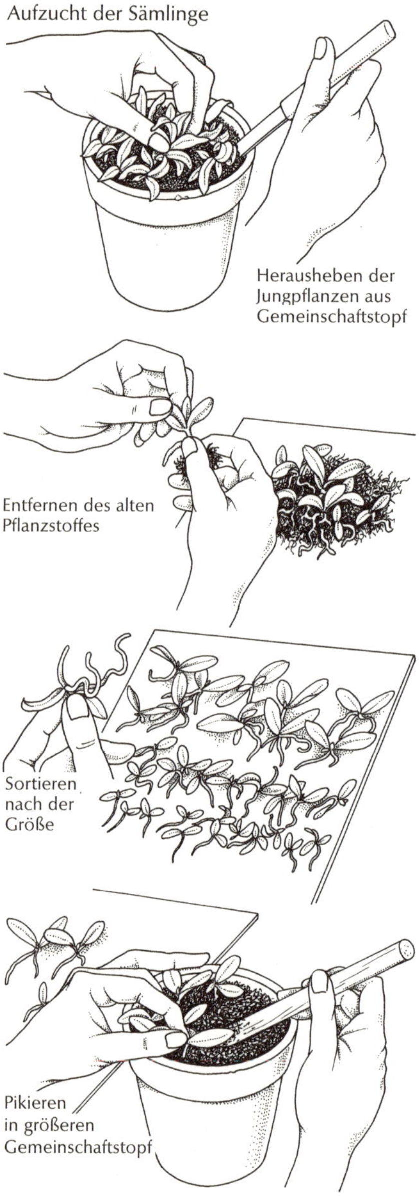

Herausheben der Jungpflanzen aus Gemeinschaftstopf

Entfernen des alten Pflanzstoffes

Sortieren nach der Größe

Pikieren in größeren Gemeinschaftstopf

Schalen, die zu einem Drittel mit einer Drainage und dann bis zum Gießrand mit Substrat gefüllt werden.

Die Pflanzen entnimmt man vorsichtig dem Aussaatgefäß und spült in einem Wasserbad anhaftende Nährbodenreste ab, die sonst zu Schimmelbildung führen. Gegen Pilzbefall sollten die Pflänzchen für 10 bis 15 Minuten in 0,05prozentiger Chinosollösung gebadet werden.
Unter Schonung der Wurzeln pikiert man relativ eng, um ein günstiges Kleinklima zu schaffen, d. h. mehrere Pflänzchen stehen im Topf. Dieser Gemeinschaftstopf kann unterschiedlich groß sein. In einem 8- bis 9-cm-Topf kann man etwa 10 bis 15 Pflanzen unterbringen.
Das Pikieren erfolgt mit einem runden, spitzen Holzstäbchen. Durch leichtes Drehen bohrt man ein Loch entsprechend der Wurzelgröße in das Substrat. Ohne die Wurzeln zu knicken, setzt man die Pflänzchen bis zu deren Ansatzstelle ein und drückt vorsichtig an. Die Sämlinge dürfen nicht zu tief stehen, der Blattansatz muß frei bleiben. Nach dem Pikieren wird mit einer 0,05prozentigen Chinosollösung gegen Pilzbefall vorbeugend angegossen.

*Aufzucht der Sämlinge*
Die Sämlinge im Gemeinschaftstopf brauchen für ihre Entwicklung optimale Wachstumsbedingungen, d. h. viel Wärme, hohe Luftfeuchtigkeit,

Schatten und an zu dunklen Tagen Zusatzbelichtung.
Sobald die Pflänzchen zu eng stehen, werden sie mit Hilfe eines Pikierholzes vorsichtig aus dem Topf genommen und unter Schonung der Wurzeln in einen größeren Gemeinschaftstopf (bzw. weniger Exemplare in einen Topf) gepflanzt. Das Substrat hat die gleiche Zusammensetzung. Man kontrolliert gleichzeitig auf einen möglichen Befall von Krankheiten und Schädlingen. Es ist zweckmäßig, die Sämlinge der Größe nach zu sortieren und die einzelnen Größengruppen zusammenzupflanzen.

Nach jedem Pikieren besteht die Gefahr, daß die Sämlinge faulen. Deshalb muß man nach dem Angießen mit Chinosollösung noch etwa acht bis zehn Tage warten, ehe man das Substrat befeuchtet. Nach einsetzendem Wachstum gibt man eine erste, relativ schwache Volldüngung.
Sind die Pflanzen kräftig und gut bewurzelt, so daß sie sich gegenseitig beim Weiterwachsen behindern, pflanzt man sie einzeln in 5-cm-Töpfe. Die Zuammensetzung des Substrates entspricht dem für blühfähige Pflanzen, sollte aber weniger grob sein. Mögliche Mischungen bestehen aus:

- Rinde, Moos und Holzkohle im Verhältnis 3:2:1 oder
- Torf, Polystyrol, Holzkohle, Sand im Verhältnis von 3:2:1:1.

Nach dem Angießen sorgt man in den ersten zehn Tagen nur für erhöhte Luft-

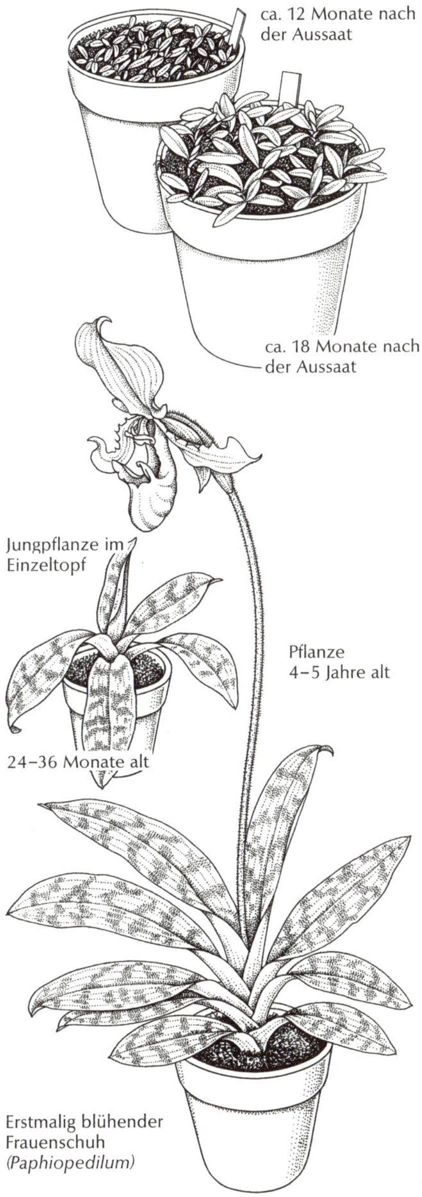


**optimale Wachstumsbedingungen für die Sämlinge sind:**
- **Temperatur = 22°C**
- **Relative Luftfeuchte = 80 %**
- **Ausreichender Sonnenschutz**
- **Bei zu wenig Tageslicht = Zusatzbelichtung**

**Sämlinge der Größe nach sortieren und pflanzen**

**Auch gut wachsende Sämlinge sollten nie feucht in die Nacht kommen – Verlust durch Fäulnis!**

**Das Substrat wird in kleinen Töpfen rascher als in großen durchwurzelt – ausreichende Bewurzelung = gesundes Wachstum**

# Vermehrung

**Nach jedem Umpflanzen Vorsicht im Umgang mit Feuchtigkeit**

**Tauartiges Nebeln ist besser als Spritzen**

**Ruhezeit erst im blühfähigen Alter**

**Ungeschlechtliche Vermehrung = erbgleiche Nachkommen**

**Teilung ist einfachste Form der Vermehrung bei sympodial wachsenden Orchideen, z. B. *Cattleya, Dendrobium, Epidendrum, Laelia, Maxillaria, Oncidium***

**Teilung → auch Umpflanzen S. 93**

**Rückbulben (Rückstücke) → S. 96**

Vegetative Vermehrung sympodial wachsender Orchideen

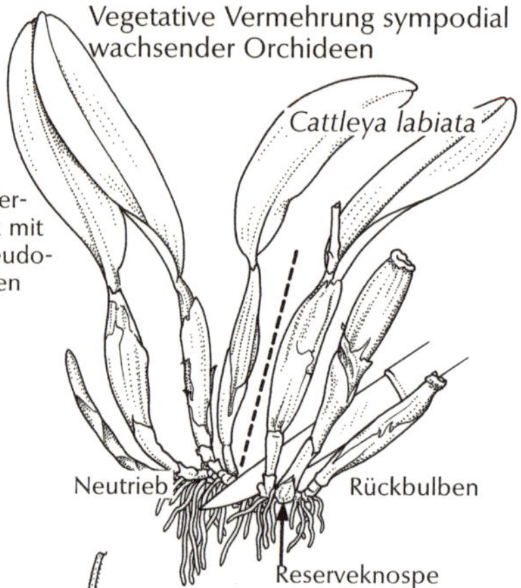


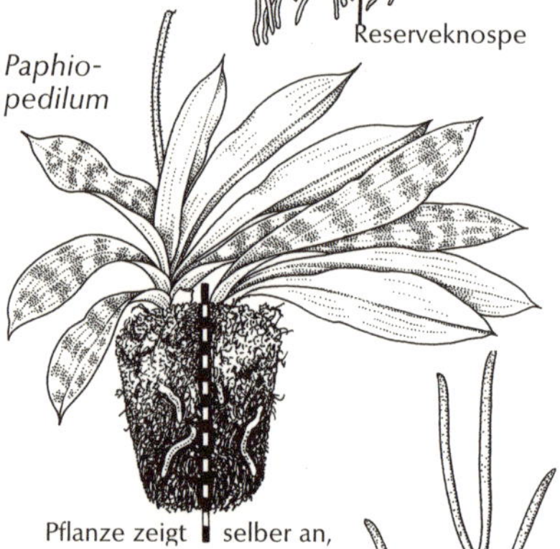


Vermehrung monopodial wachsender Orchidee *Papilionanthe (Vanda) teres*

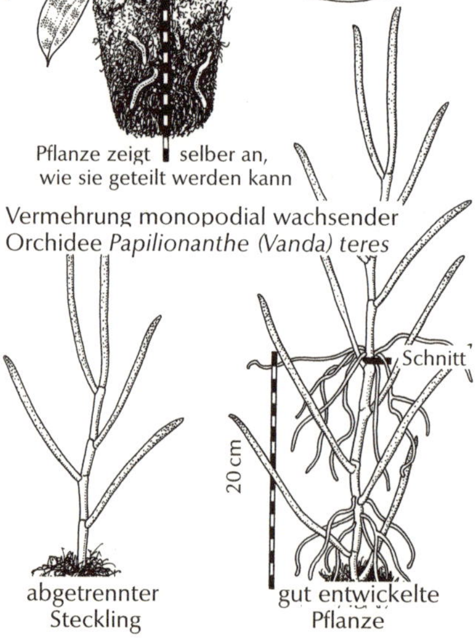


feuchtigkeit. Bei Bedarf wird leicht genebelt, später gespritzt. Reichere Wassergaben erhalten die Pflanzen erst, wenn sich neue Wurzeln zu bilden beginnen. Mit zunehmender Größe kann der Pflanzstoff gröber und durchlässiger sein. Stets ist auf eine gute Drainage zu achten. Erst wenn die Pflanzen ihr blühfähiges Alter erreicht haben, hält man die spezifische Ruhezeit ein.

### Vegetative Vermehrung

Ungeschlechtlich vermehrte Pflanzen entsprechen in ihrem Erbgut in allen Merkmalen den Mutterpflanzen. Es gibt verschiedene Methoden der vegetativen Vermehrung:

*Teilung*
Eine Teilung ist die einfachste Art, Orchideen mit sympodialem Wuchs zu vermehren. In Betracht kommen zu umfangreich gewordene Exemplare. Kleinbleibende, horstbildende Arten sollten möglichst lange ungeteilt bleiben, da eine Teilung ein starker Eingriff in ihre Existenz ist.

Man teilt Orchideen am besten beim Umpflanzen, damit die Störung im Wachstum nur einmal erfolgt. Drei bis fünf Pseudobulben einschließlich Leittrieb bleiben an der Pflanze. Die restlichen, abgetrennten Pseudobulben werden als Rückbulben bezeichnet. Oft sind sie in zwei bis drei Jahren zu blühfähigen Pflanzen herangewachsen. *Paphiopedilum,* zumindest größere Exemplare, zerfallen beim Umpflanzen von selber in mehrere Teilstücke. Mittlere und kleinere Exemplare sollte man nicht teilen.

*Stecklinge*
Monopodial wachsende Orchideen vermehrt man durch Stecklinge. Dazu werden kräftige Triebspitzen, möglichst mit Luftwurzeln, oder entsprechende Seitensprosse geschnitten. In grobem Pflanzstoff mit Moos oder Torf erfolgt die Wurzelbildung bei 22 bis 24°C an einem halbschattigen Standort bei höherer Luftfeuchtigkeit meist rasch. Der verbleibende untere Teil der Mutterpflanze treibt bald wieder aus und entwickelt Seitentriebe, die in zwei bis drei Jahren blühen können oder erneut der Vermehrung dienen. Man kann monopodial wachsende Orchideen auch durch Abmoosen vermehren. Dazu umgibt man den Sproß mit Moos und umhüllt dieses mit Plastfolie zur Herabsetzung der Verdunstung. In dem feuchten Moos entwikkeln sich sproßbürtige Wurzeln. Setzt das Wachstum ein, trennt man den Trieb ab und behandelt ihn als selbständige Pflanze.

*Adventivpflanzen*
Bei einigen Orchideen können sich auf den Pseudobulben Adventivpflanzen, sogenannte Kindel, bilden, die schon an der Mutterpflanze Wurzeln treiben. Abgetrennt und eingepflanzt sind sie bald blühfähig.

Abmoosen, im Moos entwickeln sich willig Wurzeln

**Monopodial wachsende Orchideen, z. B. *Aerides, Angraecum, Ascocentrum, Luisia, Renanthera, Vanda* vermehrt man durch Stecklinge**

**Abmoosen = einfache Vermehrungsmethode**

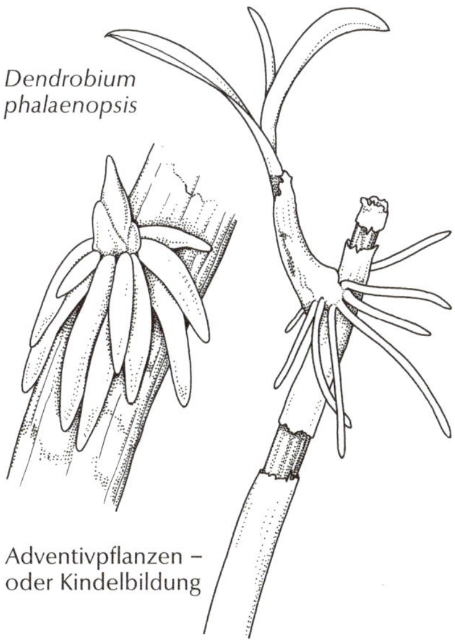


Adventivpflanzen – oder Kindelbildung

**Adventivpflanzen, auch Kindel oder Keiki (Name auf Hawaii) genannt, entwickeln manche Orchideen auf ihren Pseudobulben z. B. *Dendrobium kingianum***

# Vermehrung

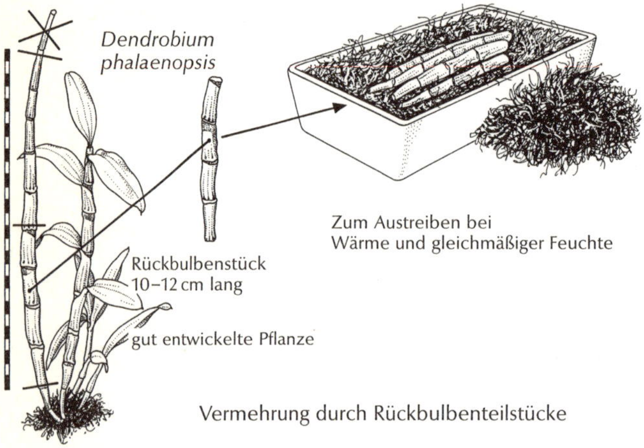

Vermehrung durch Rückbulbenteilstücke

**Adventivpflanzenbildung am Infloreszenzschaft z. B. bei *Phalaenopsis lueddemanniana***

**Adventivpflanzenbildung durch Wärmereiz**

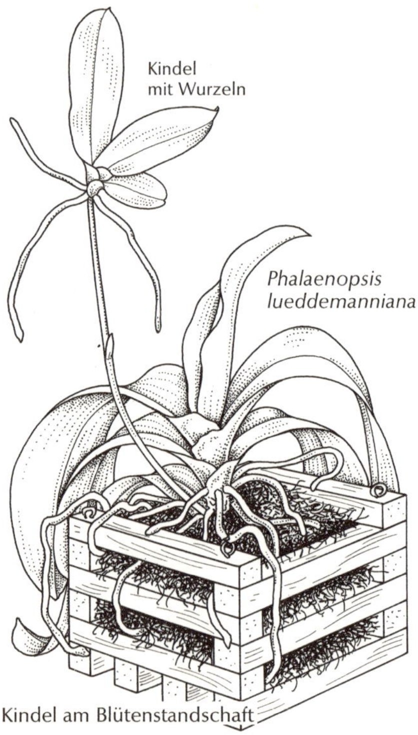

Kindel am Blütenstandschaft

Andere Orchideen entwickeln an den verlängerten mehrgliedrigen Pseudobulben aus den ruhenden Knospen der oberen Blattachseln Kindel, wenn die eigentliche Erneuerungsknospe an der Basis der Pseudobulbe ausgefault ist oder ausgeschnitten wird.

Die Bereitschaft, Jungpflanzen zu bilden, nutzt man zur vegetativen Vermehrung. Dazu werden die Rückbulben in 10 bis 12 cm lange Stücke geschnitten und in Schalen auf Torf oder Moos gelegt. Bei 21 bis 24°C und genügender Feuchte treiben die ruhenden Knospen aus und entwickeln bald Wurzeln.

Es gibt auch Orchideen, die nach dem Abblühen unterhalb des Blütenstandes am Blütenstandschaft Kindel ausbilden. Nach etwa einem Jahr bei erneutem Austrieb und Wurzelbildung kann man sie abtrennen und wie Jungpflanzen weiterpflegen.
Adventivpflanzen werden auch an der Spitze des Blütenstandes von *Phalaenopsis schilleriana* und *Phal. equestris* bei sehr hohen Temperaturen – meist über 28°C – willig gebildet.
Bei *Phaius tankervelliae* wird der Blütenstandschaft in Stücke mit jeweils einem »Auge« geschnitten. Auf feuchtes Moos gelegt, bei Temperaturen von 21 bis 24°C und hoher Luftfeuchte gepflegt, treiben die ruhenden Knospen aus und bilden bald Wurzeln. In kleinen Töpfen gepflanzt wachsen sie willig weiter.

# Vegetative Vermehrung

**Jungpflanzen aus Knospen am Blütenstandschaft (Augenstecklinge) auf Nährböden in-vitro**

Bei vielen *Phalaenopsis*-Arten erfolgt die Vermehrung aus Knospen aseptisch auf Nährböden mit Agar-Agar. Verwendet werden blühende Infloreszenzen unterhalb der Blüten. Die »Knospenstecklinge« schneidet man etwa 1,5 cm unterhalb und 0,5 cm oberhalb eines Knotens. Das schuppenartige Hochblatt wird abgelöst, das Stück in Alkohol getaucht, abgeflammt und etwa zehn Minuten lang in 5prozentiger Chlorkalklösung gebadet. Ohne Abzuwaschen bringt man es so auf Nährboden, daß die ruhende Knospe gerade noch aus dem Medium herausragt. Sie treibt nach einigen Wochen oder auch erst nach Monaten aus, bildet Wurzeln und kann auf ein Kultursubstrat übertragen werden.

**Arbeitsweise**
- **Schnitt des Knotens**
- **schuppenartiges Hochblatt lösen**
- **desinfizieren**
- **auf Nährboden bringen**
- **Austrieb, Wurzelbildung**

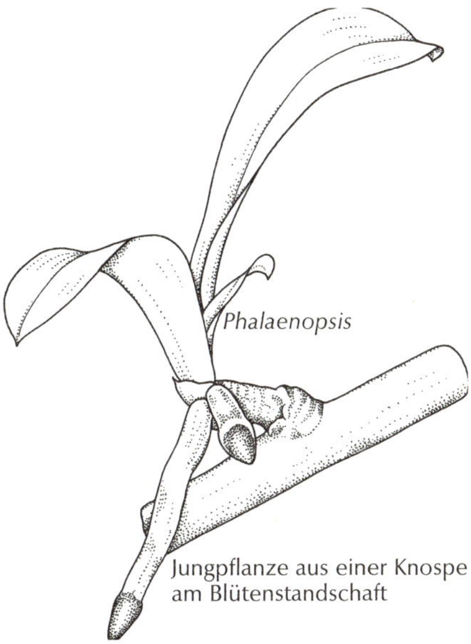

Jungpflanze aus einer Knospe am Blütenstandschaft

**Jungpflanzen aus Knospen mit Hilfe des Wuchsstoffpräparates »Orchid-Keiki-Fix«**

Haas hat eine Methode entwickelt, wie man auch mit einfacher Arbeitsweise Jungpflanzen von *Phalaenopsis* heranziehen kann. Von den ruhenden Knospen unterhalb der Blüten wird vorsichtig das schützende schuppenartige Hochblatt abgelöst.

Einen Tag später umgibt man die Knospen mit einer kirschkerngroßen Menge eines Wuchsstoffpräparates (Keiki-Fix). Nach ein bis zwei Tagen wird es entfernt, um wieder frisches aufzutragen. In wöchentlichen Abständen spült man die Knospen mit klarem Wasser gut ab, trocknet und bedeckt sie wieder mit dem Wuchsstoffpräparat. Wenn sich die ersten Blättchen entwickelt haben, kann die Behandlung beendet werden.

Vermehrung von *Phalaenopsis* mit Hilfe von »Orchid-Keiki-Fix« (nach Haas)

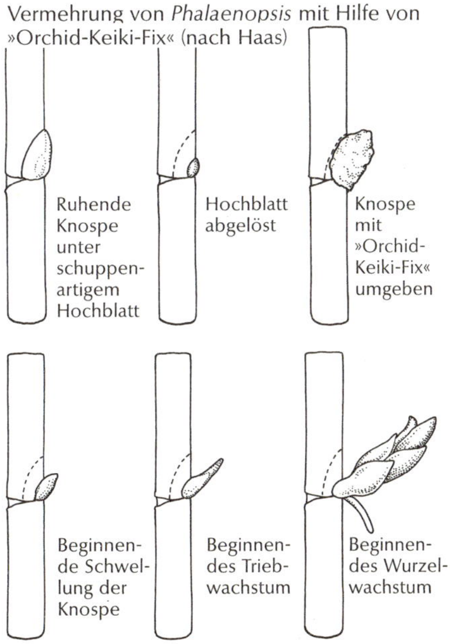

# Vermehrung

**Durch Gewebekultur (Meristemvermehrung in-vitro) kann man eine beliebig große Anzahl erbgleicher Nachkommen erhalten**

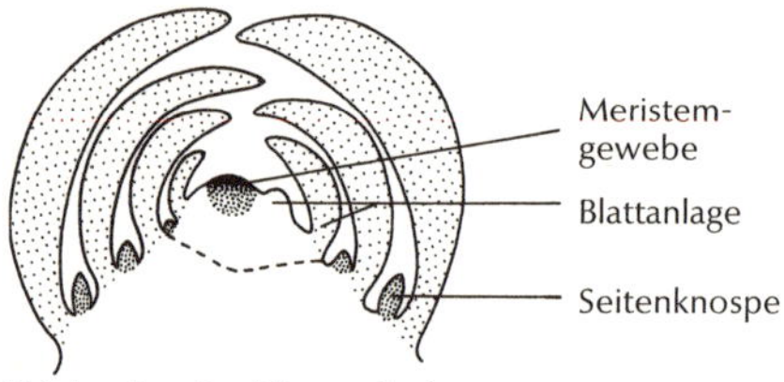

Triebspitze im Längsschnitt

Meristemvermehrung

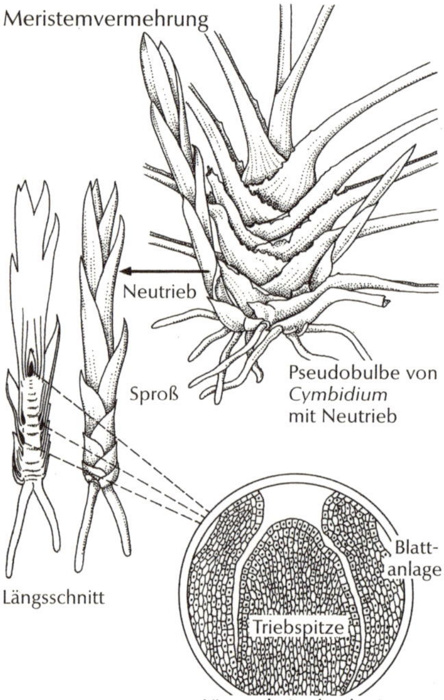

Längsschnitt durch ein Spitzenmeristem von *Cymbidium* mit Blattanlagen

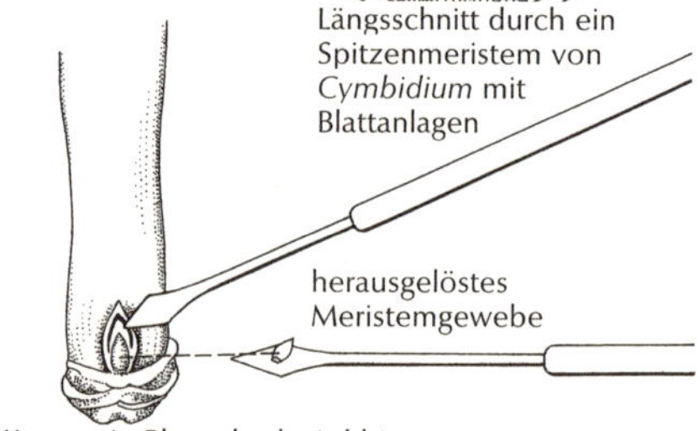

Knospe in Blattachsel wird bis auf 2–3 Blättchen herausgeschnitten

**Meristematisches Gewebe – teilungsfähiges Gewebe**

**Meriklon**

**Vorgänge und Arbeitsschritte der Meristemvermehrung**
- **Entnahme der Triebspitzen**
- **Auslösen der Knospen**
- **Desinfektion**
- **übertragen auf festen Nährboden**
- **Bildung von Kallus und Protokormen**
- **Teilung**

*Gewebekultur*

Diese Vermehrungsmethode für Orchideen wurde vor mehr als 30 Jahren von dem französischen Forscher G. Morel entwickelt. Sie ermöglicht es, theoretisch eine unbegrenzt große Anzahl erbgleicher Nachkommen zu erzielen. Wie bei der Aussaat ist ein Nährmedium erforderlich. Der Nährboden KNUDSON C ist das Grundnährmedium für die Meristemkultur. Inzwischen wurden auch andere Zusammensetzungen entwickelt.

Man verwendet teilungsfähiges (meristematisches) Gewebe von Pflanzen eines Klons (Gruppe von Individuen mit gleicher Erbmasse). Daraus entstand für die durch diese Methode vermehrten Orchideen der Begriff »Meriklon«. Morel wollte ursprünglich aus virusbefallenen Mutterpflanzen virusfreies Gewebe erzielen, was aber nicht vollkommen gelingt.

Gelegentlich können bei der Gewebekultur auch Mutationen auftreten, ebenso Anomalien durch Entmischung genetisch verschiedener Gewebeschichten.

Meristematisches Gewebe befindet sich besonders in den Wachstumszonen der Pflanzen, den Sproß-, Blatt- und Wurzelspitzen. Es wird auch als Bildungs- oder Teilungsgewebe bezeichnet.

Bei der Vermehrung von Orchideen ist das Meristem aus den Sproßspitzen oder aus Seitenknospen am besten geeignet. Bei *Cymbidium* muß der Jung-

trieb eine Größe von 8 bis 15 cm haben. Vom Trieb wird das obere Drittel der Blätter abgeschnitten. Das verbleibende Stück reinigt man unter fließendem Wasser, taucht es zur Desinfektion kurz in Alkohol, flammt ab und behandelt mit Lauge. Die unteren Blätter werden nacheinander entfernt, die Knospen mit einem Skalpell ausgelöst und zehn Minuten desinfiziert.
Größere Stücke verkleinert man mit einem Skalpell auf 3 mm und beläßt vom Ansatzstiel nur etwa 0,5 mm. Danach lassen sich die Knospen gut aus der kleinen Blatthülle entnehmen.
Die Endknospe des Triebes kann so ausgelöst werden, daß neben dem rundlichen, etwa 1 mm großem Meristem auch noch die primären Blattanlagen belassen werden und das Explantat eine Größe von 2 bis 3 mm aufweist. Nach dem Beschneiden legt man die Explantate nochmals in Desinfektionslösung und überträgt sie auf den meist festen Nährboden. Nach etwa vier bis sechs Wochen haben alle Kallus und Protokorme gebildet.

Die Protokorme werden abgetrennt und je nach Größe ein oder zweimal mit dem Skalpell längs geteilt und zu drei bis acht auf neues, flüssiges Nährmedium in Reagenzgläser gebracht. Diese kommen auf einen Rotor, dessen Scheiben auf einer etwa 10° geneigten Achse befestigt sind. In den Scheiben befinden sich Löcher entsprechend der Größe der Reagenzgläser.

Nährmedium Knudson C (Flüssig), pH 5,1

| chemische Substanz | verwendete Menge |
|---|---|
| Monokaliumphosphat $KH_2PO_4$ | 0,25 g |
| Calciumnitrat $Ca(NO_3)_2 \times 4H_2O$ | 1,00 g |
| Ammoniumsulfat $(NH_4)_2SO_4$ | 0,50 g |
| Magnesiumsulfat $MgSO_4 \times 7H_2O$ | 0,25 g |
| Eisensulfat $FeSO_4$ | 0,025 g |
| Mangansulfat $MnSO_4$ | 0,0075 g |
| Saccharose | 20,00 g |
| Destilliertes Wasser | 1000,00 ml |

* Bei Verwendung als festes Nährmedium wird Agar-Agar zugesetzt → S. 105

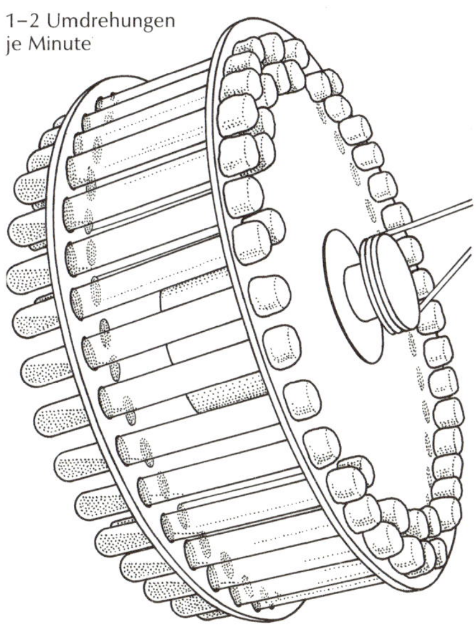


Bildung neuer Zellen (Proliferation) im Reagenzglas durch Bewegung des Rotors

**- Flüssiges Nährmedium**
**- Rotorbehandlung**
**- Teilung**
**- Mehrfache Wiederholung nach Bedarf – flüssiger Nährboden und Rotor**
**- Zerschneiden**
**- Fester Nährboden**
**- Bildung von Sprossen und Wurzeln**
**- Aufzucht wie Sämlinge (Gemeinschaftstopf)**

**Explantate desinfizieren und auf (meist) festen Nährboden bringen**

**Teilung der Protokorme**

# Vermehrung

**Durch Schütteln oder Rotieren werden laufend neue Zellen gebildet (Zellteilung) Bei Stillstand des Rotors wird die Zellteilung beendet – es erfolgt eine Differenzierung der Zellen (Bildung von Wurzeln oder Sprossen)**

**Das Aufbringen von Stielsegmenten mit Knoten auf Nährböden ist eine weitere Methode der vegetativen Vermehrung – ähnlich der Gewebekultur**

**Arbeitsablauf:**
- **Blütenstandschaft in Segmente mit je einer Knospe schneiden**
- **Hüllblatt entfernen**
- **Sterilisiertes Segment auf Nährboden bringen**
- **Für genügend Wärme sorgen**

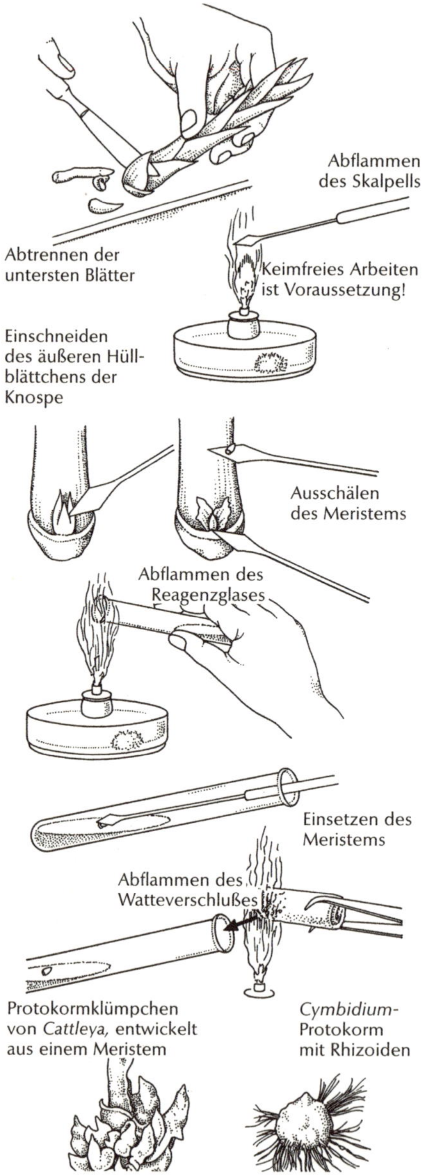


Durch ein bis zwei Umdrehungen je Minute wird das Nährmedium belüftet und die Explantate werden mit Sauerstoff versorgt. Bald erfolgt eine Bildung neuer Zellen (Proliferation). In Abständen von drei bis vier Wochen kann die Teilung durch Zerschneiden wiederholt werden – so lange, bis eine ausreichende Menge Protokormklümpchen gebildet worden sind.
Nach nochmaligem Zerschneiden kultiviert man sie auf festem Nährboden weiter. Zuerst bilden sich Rhizoide, später Blätter und Wurzeln. Sind die Pflänzchen erstarkt, kann man sie wie Jungpflanzen der Samenvermehrung in Gemeinschaftstöpfen pikieren und aufziehen.

Die Suche nach weiteren Möglichkeiten der vegetativen Vermehrung von Orchideen hat zu einer Methode geführt, nach der Stielsegmente mit Knoten auf Nährböden gebracht und analog der oben beschriebenen Gewebekultur weiterbehandelt werden.
Als Ausgangsmaterial wählt man starke, gut entwickelte Blütenstiele von *Phalaenopsis,* die schon im Abblühen begriffen sein können. Die Stücke werden auf etwa 4 cm Länge geschnitten, nach Haas 1 bis 1,5 cm. Danach entfernt man vorsichtig das kleine Deckblatt, sterilisiert das Stielsegment und spült es in destilliertem Wasser.
Es wird so auf ein Nährmedium gebracht, daß die ruhende Knospe gerade über dessen Oberfläche steht. Temperaturen über 25°C begünstigen

das Wachstum. Während der Zellbildungsphase sollen die Nährmedien flüssig, während der Differenzierungsphase fest (Agar-Nährmedium) sein. Ein Zusatz von Kokosmilch fördert die Entwicklung. Meist bilden sich aus einem Teil der Knospen sofort Protokorme, die – abgetrennt – durch Zerschneiden erneut geteilt werden können. Es entstehen auch junge Triebe. Diese kann man ebenfalls abtrennen und brechen, wobei sich an der Bruchstelle Protokorme bilden.

Schneidet man 6–8 mm große, quadratische Blattsegmente oder Blattspitzen heraus und überträgt diese auf Nährmedium, erhält man wieder Protokorme. So kann man eine theoretisch unbegrenzte Anzahl von Pflanzen heranziehen.

In ähnlicher Weise bekommt man u. a. aus Blattspitzen von *Cattleya* Protokorme – ein Beweis dafür, daß die vegetative Vermehrung durch Gewebekultur immer weiter ausgebaut werden kann.

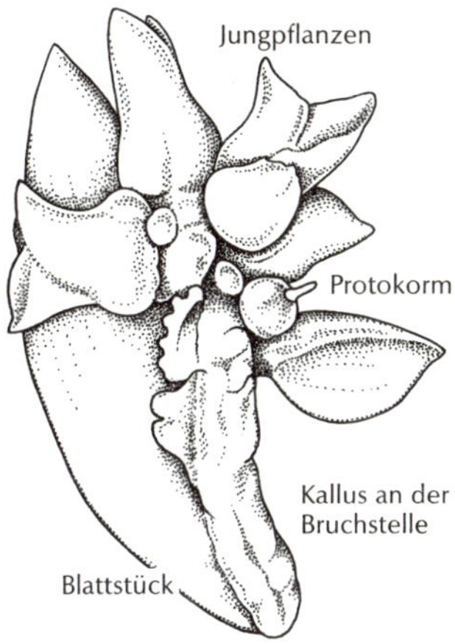


Protokormbildung bei *Cattleya*

**Um viele Pflanzen zu erhalten:**
- **Protokorme unregelmäßig zerschneiden und auf Nährboden auslegen**
- **Triebe brechen, um neue Protokorme zu erhalten**
- **Blattsegmente schneiden und auf Nährmedium bringen**

**Bei *Cattleya* verwendet man Blattspitzen**

**Cirrhopetalum fascinator**
Zu der mit *Bulbophyllum* nahe verwandten Gattung *Cirrhopetalum* gehören etwa 150 Arten, die von Madagaskar und Sri Lanka bis Nordaustralien vorkommen. Am rhizomartigen Sproß stehen runde oder kantige, in der Regel ein-, seltener zweiblättrige Pseudobulben. Die Blüten sind doldenartig angeordnet. Die oberen Blütenblätter haben meist dunkelrote Anhängsel, während die beiden seitlichen verlängert sind und dicht aneinander liegen. – Gepflegt wird am Block, auch in flachen Körbchen in einem humosen, gut durchlüfteten Substrat. Wichtig ist eine stets gleichmäßige Feuchtigkeit und ein temperierter bis warmer Standort. Viel Licht fördert die Blütenbildung.

**Encyclia fragrans**
Die etwa 150 Arten der Gattung *Encyclia* sind von Mexiko und der Karibik bis Südbrasilien verbreitet. Sie wachsen epiphytisch, teilweise auch terrestrisch oder lithophytisch. Ihre meist rundlichen, selten verlängerten Pseudobulben tragen ein bis drei, auch vier Blätter. Die Lippe der Blüten ist meist frei, nur selten ist sie an der Basis mit der Säule verwachsen. – Die Pflege erfolgt ähnlich wie bei *Cattleya*. Hartblättrige Arten lieben viel Licht, weichblättrige lichten Schatten. *Epidendrum* verlangen eine ausgeprägte Ruheperiode bei mäßig kühlem Stand. Nur weichbulbige Arten wollen etwas mehr Feuchtigkeit.

**Dendrobium thyrsiflorum**
*Dendrobium* ist mit knapp 1000 Arten eine der größten Gattungen der Orchideen. Verbreitet sind sie von Sri Lanka bis zu den Südseeinseln, Australien und Tasmanien. Vielgestaltig ist die Wuchsform. Auch die ein- oder vielblättrigen Pseudobulben sind sehr variabel. Die seitenständigen Infloreszenzen tragen ein- oder mehrere Blüten, die oft einen spornartigen Fortsatz ausbilden. – Die meisten Dendrobien werden warm bis temperiert gepflegt. Arten aus dem Himalajagebiet sowie aus Südostaustralien brauchen eine kühle Ruheperiode. Stammen sie aus tropischen Gebieten, ist eine ganzjährige warme Pflege erforderlich.

**Epidendrum cinnabarinum**
Über 700 Arten der Gattung *Epidendrum* kommen von Florida bzw. Mexiko und der Karibik bis Paraguay vor. Sie wachsen epiphytisch, aber auch terrestrisch oder lithophytisch. Ihre Pseudobulben sind verlängert, auch kurz, meist dünn und ein- bis vielblättrig. Die Infloreszenzen stehen in der Regel terminal. Oft sind alle Blütenblätter einheitlich gestaltet. Stets ist die Lippe mit der Säule bis zur Spitze verwachsen. – Die Pflege erfolgt im Topf oder Korb, bei kleinwüchsigen Pflanzen auch am Block. Die meisten Arten lieben einen temperierten Standort und reiche Wassergaben zur Triebentwicklung. Während der Ruheperiode wird weniger gegossen.

**Laelia rubescens**
Die Gattung *Laelia* ist nahe mit *Cattleya* verwandt. Ihre etwa 60 Arten sind von Mexiko bis Peru und Südbrasilien verbreitet. Sie wachsen vorwiegend epiphytisch, einige Arten kommen fast ausschließlich auf Felsen vor. Ihre gestauchten oder verlängerten Pseudobulben tragen an der Spitze ein bis zwei Blätter und die meist mehrblütige, terminale Infloreszenz. Besonders die großblütigen Arten sind für die Züchtung bedeutungsvoll. – Die Pflege sollte nicht zu trocken und bei temperierten Bedingungen erfolgen. Reichliches Licht fördert die Blühwilligkeit. Während der kühlen Ruheperiode brauchen die Pflanzen wenig Feuchtigkeit.

**Lycaste deppei**
Die Gattung *Lycaste* ist nahe mit *Maxillaria* verwandt. Die etwa 30 Arten sind von Mexiko bzw. der Karibik bis Peru und Bolivien verbreitet. Die Pflanzen wachsen epi- oder lithophytisch, teilweise auch terrestrisch. Ihre Blütenstände sind meist einblütig und entwickeln sich oft zahlreich an der Basis der Pseudobulben. Die Blüten duften angenehm. – Meist werfen Lycasten während der erforderlichen kühlen Ruheperiode im Winter die Blätter ab. Bis sich der Neutrieb bildet, brauchen die Pflanzen nur wenig Wasser, danach sind sie wieder reichlicher zu gießen. Ausreichend Frischluft und ein halbschattiger Standort begünstigen das Wachstum.

**Lemboglossum cordatum**
Die etwa 14 Arten der Gattung *Lemboglossum* gehörten früher zu *Odontoglossum*. Sie kommen von Mexiko bis Mittelamerika vor. Es sind vorwiegend Epiphyten, deren abgeflachte Pseudobulben ein bis zwei Blätter tragen. Der Blütenstand entwickelt sich aus der Achsel des obersten Blattes und ist ein- bis mehrblütig. – Die Pflege erfolgt halbschattig im Korb oder Topf, bei kleinwüchsigen Arten auch am Block. Geeignet ist ein gut durchlüfteter Pflanzstoff, der während des Wachstums recht feucht gehalten wird. Trockene Heizwärme wird nicht vertragen. Im Winter stehen die Pflanzen kühl bis temperiert und erhalten nur mäßige Wassergaben.

**Masdevallia coccinea var. xanthina**
Das Areal der Gattung *Masdevallia* mit mehr als 150 Arten erstreckt sich von Mexiko bis Bolivien und Südbrasilien. Viele Arten kommen in höheren Berglagen vor. Es sind vorwiegend kleine Epiphyten, die aber auch terrestrisch oder lithophytisch wachsen. Auf den dünnen Trieben steht nur ein Blatt, an dessen Basis sich der Blütenstand entwickelt. Die äußeren, auffälligen, oft lang geschwänzten Blütenblätter sind unterschiedlich weit verwachsen, die inneren und die Lippe sind klein. – Alle Arten lieben kühle und feuchte Luft, einen absonnigen Standort sowie das ganze Jahr über ein stets gleichmäßig feuchtes, aber nicht nasses Substrat.

# Die Züchtung



Die Genetik ist die Wissenschaft von der Vererbung der Eigenschaften eines Individuums auf seine Nachkommen. Sie führt uns an die geheimsten und rätselvollsten Dinge des Lebens heran, an Vorgänge, die sich in allen Erscheinungsformen der belebten Natur in unvorstellbarer, immerwährender Konsequenz vollziehen und wiederholen.

Die Vererbung bestimmter Merkmale erfolgt nicht gleichmäßig, sondern ist von den verschiedenen Erbanlagen der Eltern und Umwelteinflüssen abhängig. Bei den Nachkommen können genetische Merkmale dominant (vorherrschend) bzw. rezessiv (verborgen) auftreten. Sie ruhen im Erbgut und setzen sich möglicherweise in anderer Kombination erst bei späteren Generationen durch.

Von den Anfängen der Orchideenzüchtung bis in die neuere Zeit arbeiteten die Züchter rein intuitiv, z. T. auch heute noch. Erst fortschreitende Erkenntnisse der Genetik brachten die Züchtung auf eine wissenschaftliche Basis. Die Kenntnis der Chromosomenzahlen ist die wichtigste Voraussetzung für die Wahl der Elternpflanzen.

Hybriden werden seit 1854, dem Anfang der Orchideen-Züchtung, in »Sander's List of Orchid Hybrids« erfaßt.

Für eine erfolgreiche Züchtung ist es erforderlich, weltweit die neuesten Ergebnisse auf diesem Gebiet zu kennen. Kenntnisse über Primärhybriden und Gattungsbastarde gehören ebenso dazu wie das Wissen um die Entwicklung komplizierter, hochprämierter Hybriden und um Zuchtrichtungen.

## Genetik

**Die Träger der Erbeinheiten, die Gene sind in den Chromosomen enthalten**

Die Träger der Erbeinheiten, Gene genannt, sind in den Chromosomen enthalten und damit Hauptbestandteil des Zellkerns. In der Regel haben alle Individuen einer Art die gleiche Chromosomenzahl. Die Arten einer Gattung haben meist unterschiedliche Chromosomenzahlen. In besonderen Fällen ist dies auch bei einzelnen Individuen einer Art möglich (Mutation), wodurch ein verändertes Erscheinungsbild entsteht. Derartige Pflanzen sind gärtnerisch bedeutungsvoll. Sie treten ziemlich häufig bei solchen Orchideen auf, die schon lange im Blickpunkt des Interesses stehen. Die genetischen Veränderungen sind meist größere, substanzreiche Blüten – erwünschte Merkmale, die den Wert der Pflanze wesentlich steigern.

**haploider Chromosomensatz (n)**

**diploider Chromosomensatz (2n)**

Alle Chromosomen eines Zellkerns werden als Chromosomensatz bezeichnet. Bei Kernen mit einfachem (haploiden) Chromosomensatz, in der Regel in Ei- und Samenzelle, ist jedes Chromosom nur einmal vertreten (n). Wird ein haploider Chromosomensatz befruchtet, verdoppelt er sich und wird als diploid (2n) bezeichnet.

**Polyploidie (Vervielfachung) der Chromosomensätze (3n, 4n usw.)**

Fast alle höheren Pflanzen haben diploide Zellkerne. Treten bei der Kernteilung Störungen auf, kann es zur Vervielfachung (Polyploidie) der Chromosomensätze kommen, z. B. triploider (3n) oder tetraploider (4n) Zellkern.

**Kulturpflanzen sind meist polyploid**

Die meisten Kulturpflanzen sind polyploid. Oft sind es Ausleseformen. Poly-

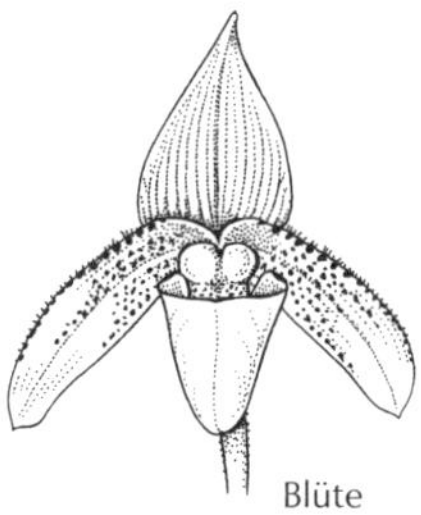

Blüte

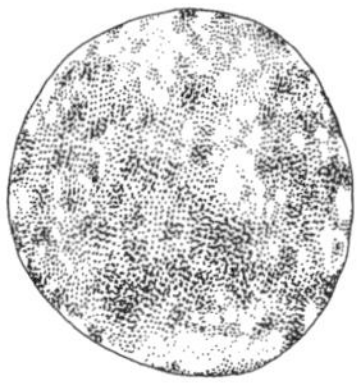

Zellkern

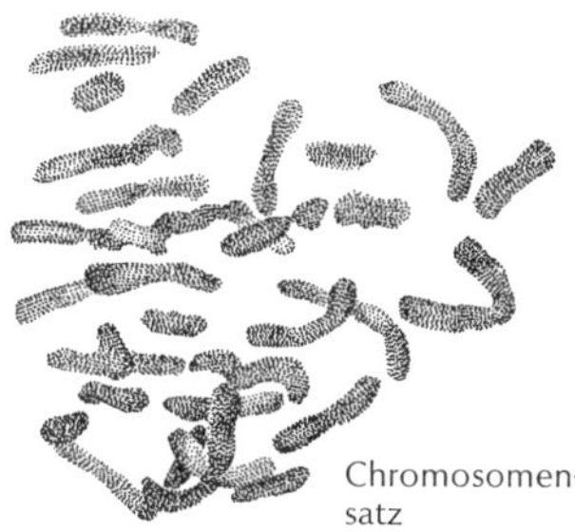

Chromosomensatz

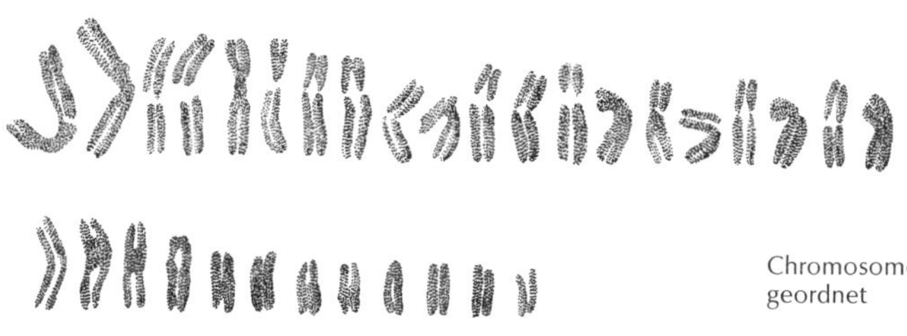

Chromosomen geordnet

Chromosomen von *Paphiopedilum ciliolare*, 2n = 32 (nach Karasawa)

# Die Züchtung

**Künstlich hervorgerufene Polyploidie**

| Chromosomensatz | Merkmale der Pflanzen |
|---|---|
| diploid (2n) | · doppelter Chromosomensatz<br>· Standardfall in der Natur<br>· Pflanzen sind vital, im Äußeren ausgeglichen<br>· Hohe Fruchtbarkeit |
| triploid (3n) | · dreifacher Chromosomensatz<br>· weibliche und männliche Keimzellen haben oft unvollständige Chromosomensätze<br>· Pflanzen sind sehr produktiv<br>· viele hochwertige, moderne Hybriden<br>· schlechte Kreuzungspartner, Pollen oft steril<br>· auch bei Belegung mit Pollen sehr vitaler Pflanzen meist nur geringer Erfolg |
| tetraploid (4n) | · vierfacher Chromosomensatz<br>· ursprünglich nur durch außergewöhnliche Einwirkungen zustande gekommen<br>· gutes Wachstum, große Blüten, fruchtbar<br>· Vererbung der guten Eigenschaften durch die hohe Chromosomenzahl |
| pentaploid (5n) | · fünffacher Chromosomensatz<br>· kommt selten vor<br>· keine einheitliche Entwicklung der Nachzucht<br>· teilweise Kümmerwuchs |
| aneuploid | · einzelne Chromosomen sind überzählig oder fehlen<br>· abnorme Pflanzen mit ungeraden Chromosomensätzen<br>· Nachkommen sind schwierig in der Entwicklung, oft nicht lebensfähig |

ploidie kann durch Röntgenstrahlung oder Behandlung mit Alkaloiden (z. B. Colchicin) künstlich erzeugt werden. Dabei entstehen u. a. größere Zellen und damit größere Blüten, oder die Pflanze ist leistungsfähiger (Blütenanzahl).

### Aufgaben und Ziele der Züchtung

**Arterhaltung**

Durch den Raubbau an der Natur ist im Rahmen der Arterhaltung eine verstärkte generative Vermehrung von Spezies erforderlich. Dabei sollte auf eine natürliche Variationsbreite geachtet werden.

**Kreuzung von zwei Arten = Primärhybride**

Am Anfang der Züchtung wurden vorwiegend Arten miteinander gekreuzt. Dabei erzielt man Hybriden, die in ihrer Blütezeit sowie in Form und Farbe zwischen den Eltern liegen. Die Vorzüge der einzelnen Arten bzw. einzelne Merkmale der Elternpflanzen werden verstärkt bzw. in den Nachkommen vereint.

**Wichtige Zuchtziele**

Viele Züchtungen weisen Eigenschaften auf, die Arten nicht besitzen. Die wichtigsten Zuchtziele seien genannt:

- Blütenform
  - großflächig, rund und geschlossen
  - groß, offen und sternförmig
- Reichblütigkeit
- Blühwilligkeit (leichte Blüteninduktion)
- auffällige Blütenfarben (modeabhängig) bzw. schöne Farbkombination

- lange Haltbarkeit der Blüten
- lange Haltbarkeit als Schnittblume
- Duft der Blüten
- Wüchsigkeit der Pflanzen
- mäßige Pflanzengröße
- gute Anpassungsfähigkeit an veränderte Umweltbedingungen

Es gibt verschiedene Möglichkeiten der Kreuzung. Die einfachste Form ist das Kreuzen zweier Arten derselben Gattung. Als erste Orchideenzüchtung blühte 1856 bei der Firma VEITCH in England *Calanthe* Dominyi aus *Cal. masuca* x *Cal. furcata* und 1859 die erste *Cattleya*-Hybride. Bereits 1861 wurde der erste Gattungsbastard aus *Ludisia (Haemaria)* x *Dossinia* bekannt, 1863 *Laeliocattleya* aus *Laelia* und *Cattleya*.
Bei der Namensbildung der Gattungsbastarde zog man die Namen der zwei oder drei verwendeten Gattungen zusammen. So erhielt die Kreuzung *Cattleya* x *Laelia* x *Brassavola* den Namen *Brassolaeliocattleya*.
Weil derartige Namen zu lang und sprachlich oft schwierig waren, wurden die Mehrgattungshybriden nach den Namen bekannter Orchideenspezialisten benannt. Als Endung wurde die Silbe -ara festgelegt. Bei drei Gattungen sind beide Methoden der Benennung möglich.

Das Ergebnis einer Kreuzung wird als Grex (Abk.: g.) oder Hybridenschwarm bezeichnet. Der Name eines Grex wird immer mit großem Anfangsbuchsta-

Bei der Züchtung werden gute Eigenschaften verschiedener Orchideen in der Hybride vereint

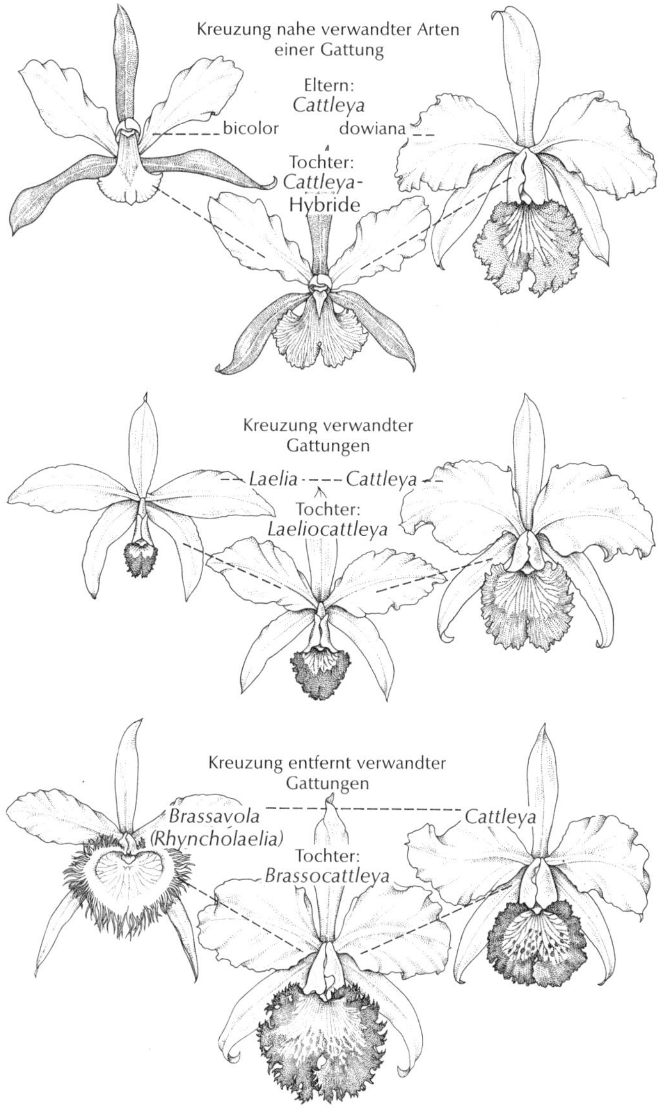

# Die Züchtung

**Sorten können nur vegetativ vermehrt werden**

**Pollen**

**Pollinien**

**Pollinarium**

**Bestäubung = Pollenübertragung**

*Calanthe* Dominyi
Erste blühende künstliche Orchideenhybride (nach Curtis's Botanical Magazine)

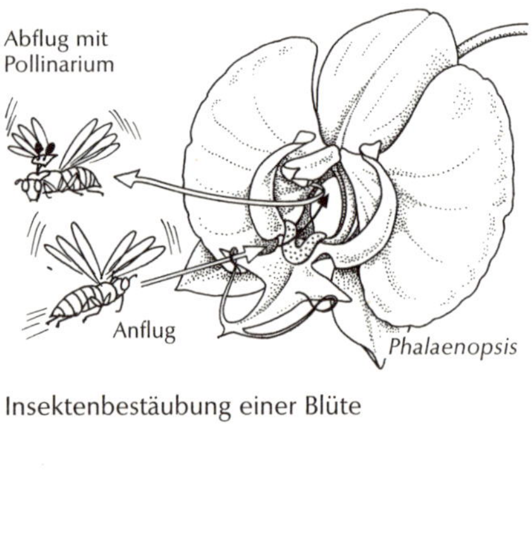


Insektenbestäubung einer Blüte

ben und **ohne** Anführungsstriche geschrieben. Bei der Kreuzung zwischen Arten sind die Blüten der Nachkommen entsprechend der »Mendelschen Regeln« in Form und Farbe weitgehend einheitlich, bei »höheren« Züchtungen – Keuzungen mit Hybriden – sehr verschieden.

Exemplare mit besonders schönen Blüten werden selektiert und erhalten einen Sortennamen – Klon oder Kultivar (Abk.: cv.) – der ebenfalls mit großem Anfangsbuchstaben geschrieben, jedoch in einfache Anführungsstriche gesetzt wird. Eine Sorte kann nur vegetativ vermehrt werden.

## Bestäubung

Bei Orchideen sind die einzelnen Pollenkörner nicht staubförmig, sondern zu einer weichen, honigartigen oder festen Pollenmasse, den Pollinien ausgebildet. Diese bestehen aus mehreren Scheiben, die durch ein dehnbares Bändchen (Caudicula) miteinander direkt oder über ein Stielchen (Stipes) mit einer Klebscheibe verbunden sind. Das gesamte Gebilde wird als Pollinarium bezeichnet.

Die meisten Orchideenblüten brauchen den direkten Kontakt mit ihren Bestäubern, denen die Lippe als Landeplatz dient. Beim Abweiden nährstoffreicher Futterhaare oder bei der Suche nach Nektar berührt das Insekt das auf der Spitze der Säule stehende

# Bestäubung

Pollinarium. Dieses heftet sich mit der Klebscheibe auf den Kopf oder den Rücken des Tieres, die Pollinien werden aus dem Staubbeutel (Kappe) herausgelöst und durch das Insekt beim nächsten Blütenbesuch auf die Narbe übertragen. Der Narbenschleim ist zähflüssiger als der Leim auf der Klebscheibe, wodurch sich das Pollinarium wieder vom Insekt löst.

Bei vielen Orchideen werden die Bestäuber von einem feinen Duft angelockt, bei frauenschuhartigen Blüten außerdem durch den Farbkontrast zwischen Blütenblättern und schuhartiger Lippe. Beim Blütenbesuch gelangen sie in den Schuh und weiden die Futterhaare auf der inneren Unterseite des Schuhes ab. Beim Versuch, die Blüte zu verlassen, müssen die Insekten rechts oder links an der Säule vorbeikriechen. Sie beladen sich dabei mit Pollen und übertragen ihn beim nächsten Blütenbesuch auf die nach unten in den Schuh gerichtete Narbe.

Die Geschlechtsreife einer Blüte beginnt einige Tage nach dem Erblühen, je nach Blühdauer der betreffenden Art. Dann ist die Narbe empfangsbereit, während die Pollinien bereits mit dem Erblühen übertragbar sind.
Ein günstiger Zeitpunkt für die Übertragung der Pollinien ist der späte Vormittag, aber auch der frühe Nachmittag. Arten, die abends mit Einbruch der Dämmerung stark duften, werden besser am frühen Abend bestäubt.

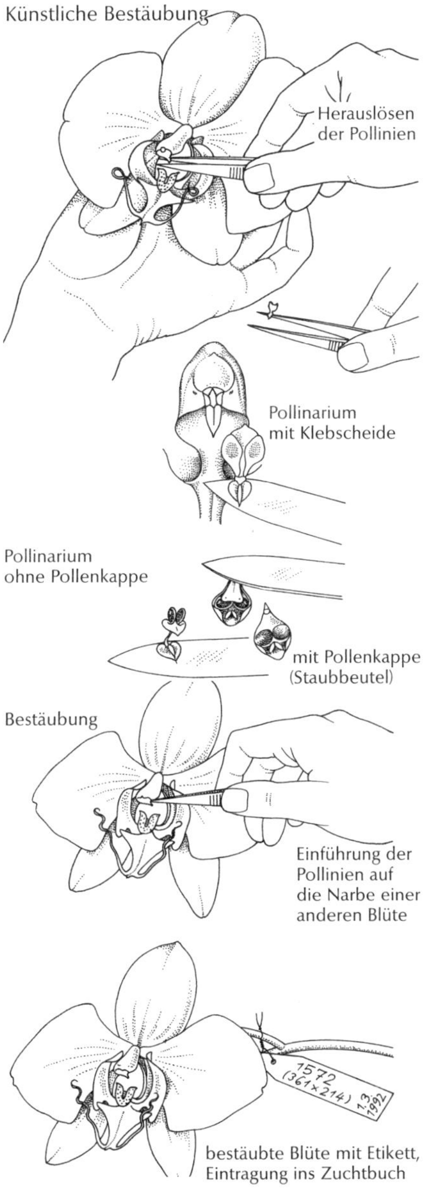


**Bestäuber für Orchideen sind:**
- **80 % Insekten**
- **3 % Kolibris**
- **2 % Selbstbestäuber**
- **15 % verschiedene Bestäuber**

**Lockmittel für Bestäuber**

**Unterschiedliche Geschlechtsreife von Pollen und Narbe**

**Zeitpunkt der Pollenübertragung**

# Die Züchtung

**Arbeitsweise bei Pollenübertragung**

**Mehrteilige Pollinien können getrennt werden und zur Bestäubung mehrerer Blüten dienen**

**Ein Teil der Pollenmasse reicht zur Bestäubung einer Blüte aus**

**Die Befruchtungsdauer von der Bestäubung bis zur Befruchtung beträgt bei:**
**- *Oncidium ampliatum* 45–50 Tage**
**- *Cattleya bowringiana* 60–65 Tage**
**- *Dendrobium nobile* 75–80 Tage**
**- *Encyclia cordigera* 120–150 Tage**

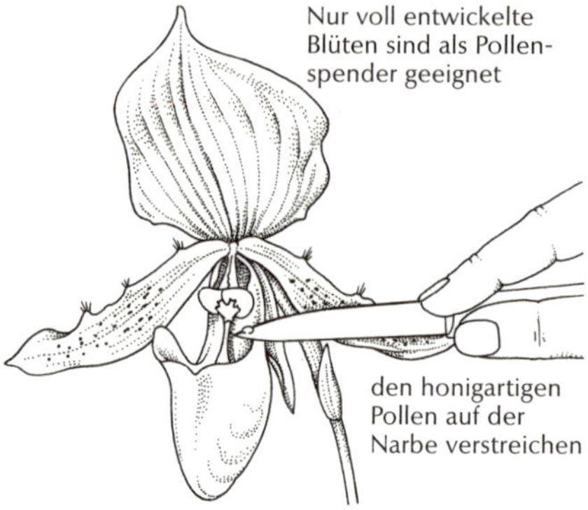


Bestäubung einer *Paphiopedilum*-Blüte

Bei der Übertragung unterscheidet man entsprechend der zwei Hauptblütenformen zwei verschiedene Arbeitsweisen:

1. Bei den meisten, den monandrischen, Orchideen trägt die Säule an der Spitze die Pollinien unter einer Kappe, seltener offen. Mit einer Pinzette oder einem Stäbchen werden sie ausgelöst und auf die klebrige Substanz (der Narbenlappen) in der Narbenhöhle übertragen.
2. Bei *Paphiopedilum* und *Phragmipedium* ist die Narbe vom Schuh verdeckt. Er wird am besten abgeschnitten. Dann entnimmt man den honigartigen Pollen seitlich der Säule mit einem Stäbchen oder Spatel und überträgt ihn auf die Narbe der anderen Blüte.

Wichtig ist die Kennzeichnung der bestäubten Blüte mit Name des Kreuzungspartners und Datum.

Nach der Bestäubung welken die Blüten. Sie werden abgestoßen oder verbleiben bis zur Reife an der Frucht. Die Befruchtung beginnt mit dem Auskeimen der Pollen und dem Einwachsen der Pollenschläuche durch die Säule in den Fruchtknoten. Die eigentliche Befruchtung erfolgt erst später mit dem Verschmelzen der männlichen und weiblichen Zellkerne in den inzwischen ausdifferenzierten weiblichen Eizellen der Samenanlagen. Dieser Vorgang erfordert bei Orchideen Wochen und Monate.

Keine Garantie für den Erfolg ist das Anschwellen des Fruchtknotens. Für dessen Entwicklung gibt es drei kritische Zeiten:

- nach dem Abwelken der Blüte kann der Fruchtknoten gelb werden und abfallen
- nach etwa drei Monaten wird die bereits wachsende Frucht gelb
- nach 2/3 der üblichen Reifezeit öffnet sich die Samenkapsel, deren Inhalt aus tauben Samen besteht.

Auch nach normaler Fruchtentwicklung kann der Samen taub oder nicht ausgebildet sein. Die mikroskopische Untersuchung zeigt bei gut entwickelten Samen deutlich den Embryo unter der netzartigen Samenhülle, der Testa. Tauber Samen besitzt keine Verdikkung, ist meist hell und etwas gekrümmt oder gedreht.

Aber auch ein vorhandener Embryo ist noch keine Gewähr für einen Keimerfolg. Die Keimfähigkeit besteht etwa fünf bis sechs Monate, maximal bis ein Jahr und nimmt dann schnell ab. Eine baldige Aussaat nach der Ernte ist deshalb erforderlich. Ist die Reifezeit genau bekannt, kann der Samen aus den noch grünen Kapseln vor dem Aufplatzen entnommen und ausgesät werden.

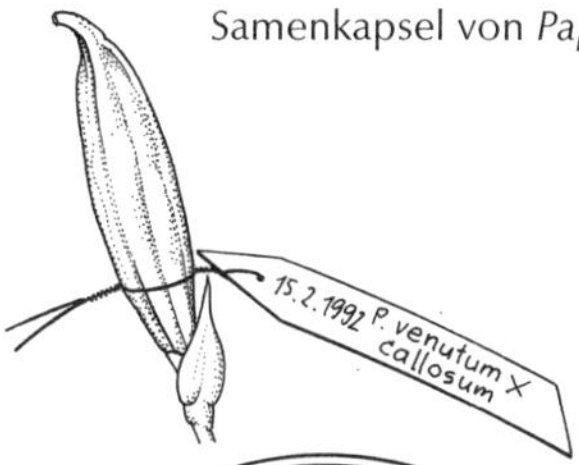


Samenkapsel von *Paphiopedilum*

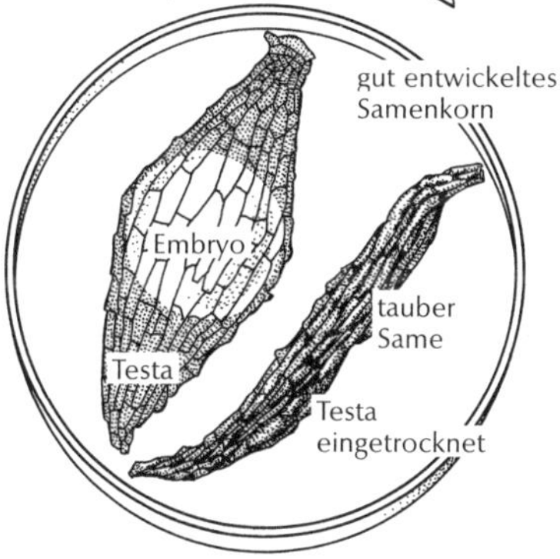


Samen von *Cymbidium* unter dem Mikroskop

**Die Dauer von der Bestäubung bis zur Samenreife beträgt bei:**

- ***Phalaenopsis*** **(4) 6–8 Monate**
- ***Sophronitis coccinae*** **9–11 Monate**
- ***Dendrobium nobile*** **9–14 Monate**
- ***Cattleya, Paphiopedilum*** **10–12 (15) Monate**
- ***Cymbidium, Odontoglossum*-Hybriden** **11–15 Monate**
- ***Vanda*** **13–16 Monate**

# Die Züchtung

## Züchtungsergebnisse wichtiger Gattungen

**Cattleya-Hybriden**

Blüte von *Brassocattleya* Madam Charles Maron mit großer und stark gefranster Lippe = Erbmerkmal von *Brassavola (Rhyncholaelia) digbyana*

*Cattleya (C.)*

Innerhalb der Gattung wurde durch Kreuzung der Arten untereinander und die weitere Züchtung höchste Vollendung in Größe, Form, Farbe, Substanz, Haltbarkeit der Blüten, Reichblütigkeit und Blühwilligkeit erreicht.

Es lassen sich zwei Zuchtrichtungen erkennen:

- kommerzielle Schnittblumen, ausgerichtet auf die Steigerung der Produktivität, Blühsicherheit und Festigkeit der Blüten sowie Blütezeitterminisierung
- Züchtung von Liebhabersorten, ausgerichtet auf kleinbleibende Hybriden, Reichblütigkeit, lebhafte Blütenfarben.

**Zweigattungshybriden**

Die bekanntesten und wichtigsten Gattungshybriden sind:

**Cattleya x Brassavola**

– *Brassocattleya (Bc.)*

Durch Kreuzung mit *Brassavola (Rhyncholaelia) digbyana* entstanden Blüten mit großer gefranster Lippe in vielen, oft zarten Farbtönen. *Brassavola (Rhyncholaelia) glauca* vererbt mittelgroße, relativ flache und *Brassavola nodosa* sternförmige Blüten.

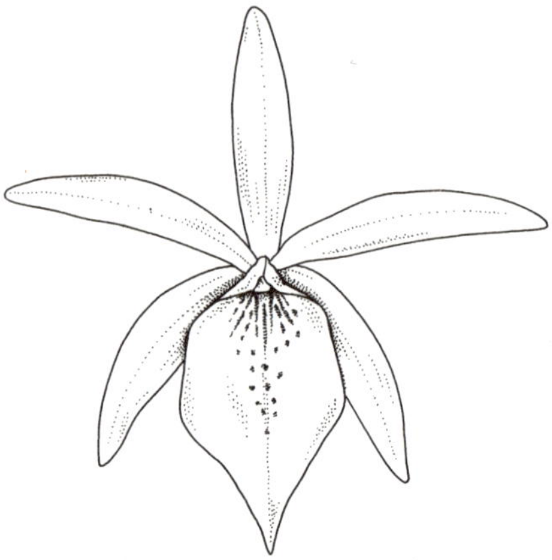

*Brassocattleya* Ria Meyer mit sternförmiger Blüte

**Cattleya x Laelia**

– *Laeliocattleya (Lc.)*

Durch die Einbeziehung unterschiedlicher Arten entstand ein breites Spektrum im Wuchsform, aber auch in Größe, Form und Farbe der Blüten.

**Cattleya x Sophronitis**

– *Sophrocattleya (Sc.)*

Reich sprossende Pfanzen mit niedrigem Wuchs und kleinen bis mittelgroßen Blüten in schönen, vielfach roten Farbtönen kennzeichnen diese Gattung.

– *Epicattleya (Epc.)*
Es sind Pflanzen mit meist verlängerten Infloreszenzen und kleinen bis mittelgroßen Blüten in vielen Formen und Farbkombinationen.

– *Brassolaeliocattleya (Blc.)*
Die Eigenschaften entsprechen in der Regel denen der Gattung *Cattleya*, d. h. meist sehr große und geschlossene, gut geformte Blüten.

– *Sophrolaeliocattleya (Slc.)*
Oft wurden gelb blühende *Cattleya* oder *Laelia* miteinander gekreuzt. Daraus entstanden Pflanzen mit meist orangenfarbigen, roten oder bronzefarbenen Blüten.

– *Rolfeara (Rolf.)*
Die Pflanzen entwickeln meist mittelgroße Blüten in überwiegend leuchtenden Farben, bei Verwendung von *Brassavola digbyana* auch mit großer, gefranster Lippe.

– *Potinara (Pot.)*
Durch die vier Kreuzungspartner entstehen Pflanzen mit meist großen Blüten in sehr unterschiedlichen Farben. Die erste deutsche *Potinara, Pot.* Holzhausen, weiß mit großem roten Lippenfleck, wurde 1928 von Obergärtner Frankenstein aus Holzhausen bei Leipzig vorgestellt.

– *Kirchara (Kir.)*
Die Pflanzen besitzen gute Wuchs- und Blüheigenschaften. Ihre mittelgroßen, gut haltbaren Blüten ähneln *Cattleya* und haben oft kräftige Farben.

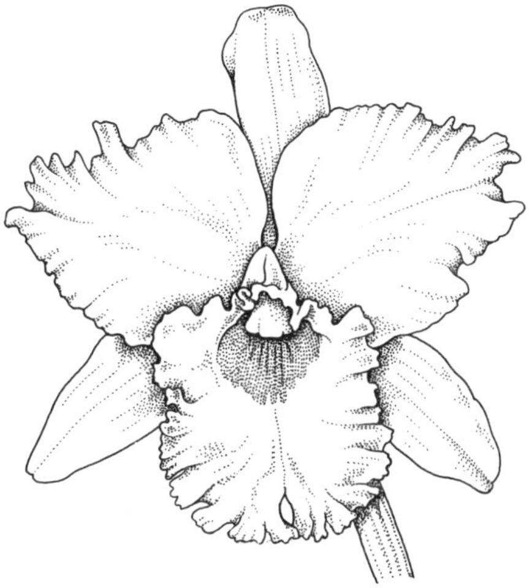

*Potinara* Tapestry Peak vereint die Merkmale der vier verwendeten Gattungen

***Cattleya x Epidendrum***

**Dreigattungshybriden**
***Cattleya x Brassavola x Laelia***

***Cattleya x Laelia x Sophronitis***

***Cattleya x Brassavola x Sophronitis***

**Viergattungshybriden**
***Cattleya x Brassavola x Laelia x Sophronitis***

***Cattleya x Epidendrum x Laelia x Sophronitis***

# Die Züchtung

**Fünfgattungshybriden**
***Cattleya x Brassavola x Epidendrum x Laelia x Sophronitis***

**Cymbidium-Hybriden**

*Cymbidium* Alegria 'St. Lita'
Blüten der Standard-Sorten sind groß, auf der Lippe oft intensiv gezeichnet, sehr lange haltbar

**Dendrobium-Hybriden**

*Dendrobium* Anne Marie
*Dendrobium nobile*-Hybriden haben einen besonders intensiv gefärbten Schlund der Lippe

– *Rothara (Roth.)*
Die Pflanzen entwickeln willig ihre mehrblütigen Infloreszenzen. Durch die fünf Kreuzungspartner entstehen interessante Blüten in vielfältigen Formen und Farben.

*Cymbidium (Cym.)*
Aufgrund des großen Platzbedarfes sind die Standardsorten vorwiegend für die Schnittblumenproduktion wichtig. Die züchterische Bearbeitung erfolgte in Richtung großblütiger Hybriden in vielen Farben – von zarten Pastelltönen mit gezeichneter Lippe bis hin zu kräftiger Färbung.
Tetraploide Züchtungen entwickeln besonders prächtige, runde und substanzreiche Blüten von guter Haltbarkeit mit einer Blütezeit von November bis Mai.
Zur Pflege in kleineren Kulturräumen wird man Miniatur-Cymbidien bevorzugen. Durch ihre Schönheit und Haltbarkeit sind sie beliebt, sehr blühwillig und weisen ebenfalls ein reiches Farbsortiment auf.

*Dendrobium (Den.)*
Man unterscheidet drei Gruppen der Züchtung:

1. Artkreuzungen zahlreicher, unterschiedlicher Blütenformen zur Erzielung interessant geformter und gefärbter Hybriden. Sie vergrößern das Sortiment wüchsiger, leichtblühender *Dendrobium*-Züchtungen mit meist langer Haltbarkeit der Blüten.

2. Bei *Dendrobium nobile*-Hybriden wurde die Blütengröße gesteigert, man erzielte haltbare, substanzreiche tetraploide Blüten mit großer Farbpalette.
3. *Dendrobium phalaenopsis*-Hybriden haben die Empfindlichkeit der Art gegenüber Lichtmangel weitgehend verloren. Die Qualität der Blüten auf den straffen, aufrecht stehenden Infloreszenzen konnte durch höhere Haltbarkeit, Farbintensität und eine runde, geschlossene Form verbessert werden. Neue Blütenformen, z. B. spatelige Tepalen, wurden entwickelt.

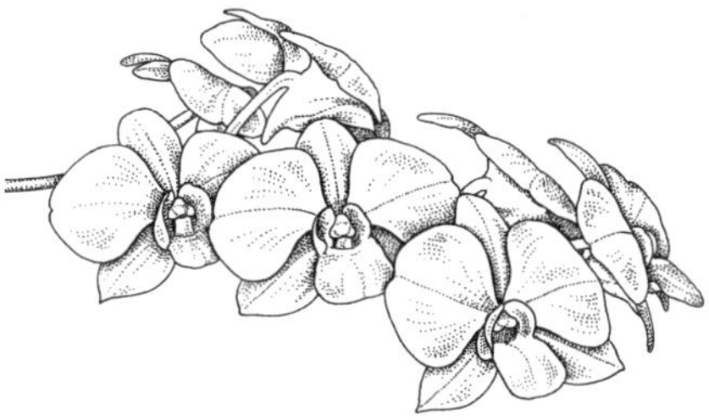

*Dendrobium* American Beauty
*Dendrobium phalaenopsis*-Hybriden blühen in leuchtenden Farben

*Miltonia (Milt.)*

***Miltonia*-Hybriden**

Ihre Hybriden besitzen große, flächige Blüten, die an der Pflanze lange halten. Als Schnittblumen eignen sie sich nicht. Die Farbe Rot überwiegt. Fast immer tritt die sogenannte Maske, die Lippenzeichnung, auf.

Bekannte Gattungsbastarde:

**Zweigattungshybriden**

– *Miltassia (Mtssa.)*

***Miltonia x Brassia***

Es sind meist große, sternförmige, gefleckte Blüten mit ausgeprägter Lippe in Pastellfarbtönen an langen Infloreszenzen.

– *Miltonidium (Mtdm.)*

***Miltonia x Oncidium***

An langen Blütenständen sitzen oft leuchtend rote Blüten mit deutlichem Lippenfleck.

– *Odontonia (Odtna.)*

***Miltonia x Odontoglossum***

Die Pflanzen besitzen große bis mittelgroße Blüten mit unterschiedlicher Farbintensität und Leuchtkraft. Sie sind sehr blühwillig.

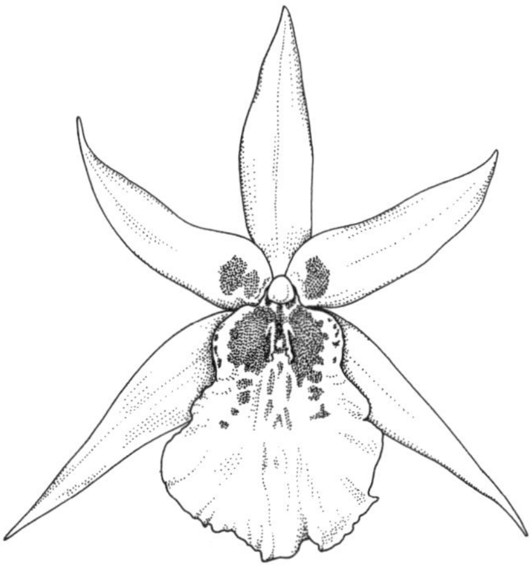

*Miltassia* Aztec 'Everglades Green'
*Miltassia*-Hybriden entwickeln viele elegante große Blüten am Blütenstand

# Die Züchtung

**Dreigattungshybriden**
***Miltonia x Cochlioda x Odontoglossum***

***Miltonia x Oncidium x Odontoglossum***

**Viergattungshybride**
***Miltonia x Brassia x Cochlioda x Odontoglossum***

***Odontoglossum*-Hybriden**

**Zweigattungshybriden**
***Odontoglossum x Brassia***

***Odontoglossum x Cochlioda***

***Odontoglossum x Oncidium***

*Odontioda* Coccinella
Bei *Odontioda*-Hybriden stehen die attraktiven Blüten am leicht übergeneigten Blütenstand

- *Vuylstekeara (Vuyl.)*

Die Blüten sind meist auf weißem Grund zinnoberrot oder kräftig dunkelrot gezeichnet und gut als Schnittblumen geeignet, z. B. *Vuyl.* Cambria 'Plush'.

- *Colmanara (Colm.)*

An den langen Infloreszenzen entwickeln sich 8 bis 15 mittelgroße, reich gefleckte Blüten in Pastelltönen, aber auch in leuchtenden Farben.

- *Beallara (Bllra.)*

Die Blüten an meist langen Infloreszenzen haben in der Regel große, sternförmige, gefleckte Blüten in Pastelltönen.

*Odontoglossum (Odm.)*

Ihre Hybriden sind elegante, prächtige Orchideen für die Liebhaberpflege. Ihre Blüten werden gern als Schnittblumen verwendet.

Wichtige Gattungsbastarde:

- *Odontobrassia (Odbrs.)*

Die großen, sternförmigen, meist gefleckten pastellfarbenen Blüten mit auffälliger Lippe sitzen an langen Infloreszenzen. Die Pflanzen wachsen willig und blühen reich.

- *Odontioda (Oda.)*

Die Blüten sind meist rot mit etwas verwaschener Zeichnung und mittelgroß sowie als Schnittblumen sehr gut geeignet. Die Pflanzen sind reichblütig und blühwillig.

- *Odontocidium (Odcdm.)*

Die Blüten haben eine ähnliche Form wie *Odontoglossum*, sind meist gelblich, dunkler gezeichnet und mittelgroß.

- *Wilsonara (Wils.)*
Ihre an *Odontoglossum crispum* erinnernden Blüten in leuchtenden Farben und mit guter Haltbarkeit sowie die oft langen Infloreszenzen kennzeichnen die Hybriden.
- *Burrageara (Burr.)*
Die Pflanzen zeigen ein rasches Wachstum und eine hervorragende Blühwilligkeit. Ihre Infloreszenzen sind leicht geneigt und mit leuchtend roten oder orangenfarbigen Blüten besetzt, die eine reiche Lippenzeichnung aufweisen und in der Form an *Vuylstekeara* erinnern.

*Oncidium (Onc.)*
Diese artenreiche Gattung wurde in den letzten Jahrzehnten oft zur Züchtung verwendet. Durch die unterschiedliche Wuchsform und Blütengröße sind auch ihre Nachkommen sehr verschieden. Die gelbe Lippe und die Zeichnung der Tepalen werden in der Regel gut vererbt. Man unterscheidet zwischen:

- Hybriden aus mittelgroßen Arten mit dünnlederigen Blättern. Sie sind leicht- und reichblühend.
- Kreuzungen aus Arten mit fleischigen Blättern. Sie wachsen langsamer und brauchen relativ lange bis zur ersten Blütenentwicklung

Besondere Beachtung verdienen die unter dem Sammelbegriff »Variegate-Oncidien« erfaßten, kleinbleibenden *Oncidium*-Arten und deren Hybriden. Die Blüten sind im Durchmesser 2–3 cm, weiß, gelb, orange oder rot,

*Odontocidium* Artur Elle 'Christoph'
Auffallende Formen und Farben haben die Blüten von *Odontocidium*-Züchtungen

**Dreigattungshybriden**
***Odontoglossum x Cochlioda x Oncidium***

**Viergattungshybriden**
***Odontoglossum x Cochlioda x Oncidium x Miltonia***

***Oncidium*-Hybriden**

**Maxillaria picta**
Die mehr als 300 Arten der Gattung *Maxillaria* wachsen in den Tropen und Subtropen von Amerika epi- oder lithophytisch. Ihre ein- oder mehrblättrigen Pseudobulben tragen lederige, längliche, auch borstenförmige oder sukkulente Blätter. Die unterschiedlich großen Blüten bilden ein Knie, das durch ein Verwachsen von Blütenblättern und Säule entsteht. – Kleinwüchsige Arten pflegt man günstig am Block, alle anderen im Topf oder Korb bei guter Drainage, hellem Stand und gleichmäßiger Feuchtigkeit während der Wachstumszeit. Im Winter ist der Wasserbedarf gering, auch die Temperaturen sollten dann niedriger sein.

**Miltonia spectabilis**
*Miltonia* ist eine Gattung mit etwa 20 Arten, die epiphytisch in den Anden, in Südostbrasilien und mit einer Art in Panama und Costa Rica wachsen. Sie ist nahe mit *Miltoniopsis* verwandt. Die Pseudobulben tragen zwei Blätter und entwickeln seitlich den Blütenstand. – Gepflegt werden Miltonien im Topf oder Korb in einem gut durchlüfteten, humosen, während der Wachstumszeit gleichmäßig feuchten Substrat, temperiert und mäßig hell. Lediglich *Miltonia flavescens* liebt mehr Licht. Miltonien, besonders die großblütigen Züchtungen, sind prächtige Zierpflanzen, als Schnittblumen jedoch nicht geeignet, da abgeschnittene Blüten rasch welken.

**Oncidium lanceanum**
Von der Gattung *Oncidium* kommen mehr als 450 Arten in den Tropen und Subtropen von Amerika vor. Ihre Wuchsform sowie die Gestalt der Pseudobulben und der Blätter sind sehr variabel. Die meist gelben, braun gezeichneten Blüten stehen an arm- oder reichblühenden Infloreszenzen. Besonders der Lippenkallus und die Anhängsel an der Säule sind unterschiedlich ausgebildet. – Fast alle Arten verlangen einen temperierten, hellen, vor direkter Sonne geschützten Standort und reichliche Feuchtigkeit während des Wachstums. Auch in der etwas kühleren Ruheperiode bei nur mäßiger Substratfeuchte lieben sie Luftfeuchtigkeit.

**Paphiopedilum hirsutissimum**
Die etwa 70 Arten der Gattung *Paphiopedilum* sind von Südindien bis zu den Philippinen und Neuguinea verbreitet. Sie wachsen terrestrisch, seltener epi- oder lithophytisch. Der aufrechte Blütenstand ist mehrblütig, meist trägt er nur ein bis zwei Blüten. Das obere Blütenblatt, oft als Fahne bezeichnet, bestimmt den Schmuckwert. Die Lippe ist schuhförmig gestaltet. – In Kultur werden die Arten mit gefleckten Blättern schattig und warm, die grünblättrigen kühler und etwas heller gepflegt. Alle lieben höhere Luftfeuchte und ein gleichbleibend mäßig feuchtes Substrat ohne ausgeprägte Ruhezeit.

**Phalaenopsis x intermedia 'Alba'**
Die etwa 25 Arten der Gattung *Phalaenopsis* sind von Indien bzw. Südostasien bis Nordaustralien verbreitet. Sie wachsen in ihrer Heimat epi-, aber auch lithophytisch. Die zweizeilig angeordneten Blätter stehen an einem gestauchten Sproß. Seitlich entwickelt sich der Blütenstand mit großen, haltbaren Blüten und bei der unendlichen Zahl von Hybriden in vielen Farben bzw. Farbkombinationen. – Die Pflege erfolgt halbschattig und warm in einem gut durchlüfteten Substrat. Gleichmäßige Feuchtigkeit ist für ein gutes Wachstum erforderlich.

**Psychopsis papilio**
*Psychopsis*, früher als *Oncidium* geführt, ist mit nur wenigen Arten in den tropischen Gebieten von Costa Rica bis Ekuador verbreitet. Sie wachsen epiphytisch und haben flache Pseudobulben mit einem rotbraun gezeichneten Blatt. An den langen Blütenständen öffnen sich nacheinander über Jahre hinweg die falterartigen, großen gelben Blüten mit rotbrauner Zeichnung. – Die Pflege erfolgt warm und halbschattig in einem gut durchlüfteten Pflanzstoff, der während des Wachstums gleichmäßig feucht gehalten wird. Bei hoher Luftfeuchtigkeit und kaum ausgeprägter Ruheperiode fühlen sich die Pflanzen wohl.

**Sophronitis coccinea**
*Sophronitis* ist eine Gattung mit etwa acht Arten, die in Brasilien und Ostparaguay vorkommen. Sie wachsen epi- oder lithophytisch. Ihre kleinen Pseudobulben entwickeln nur ein derbes Blatt und terminal die ein- oder selten mehrblütige Infloreszenz. Die Blüten haben eine schmale, längliche Lippe. Durch ihre leuchtend rote Farbe ist besonders *Sophronitis coccinea* ein wertvoller Kreuzungspartner zur Erzielung rotblühender Orchideen mit *Cattleya, Laelia* u. a. – Gepflegt werden *Sophronitis* am Block oder in kleinen Gefäßen. Wichtig ist stets etwas Schatten und hohe Luftfeuchtigkeit. Die Ruhezeit im Winter soll nur angedeutet werden.

**Rodriguezia venusta**
Mit etwa 35 Arten ist die Gattung *Rodriguezia* von der Karibik bzw. Nicaragua bis Peru und Brasilien verbreitet. Sie wachsen vorwiegend epiphytisch und tragen an der Spitze der Pseudobulben ein oder zwei Blätter. Die Blüten tragen meist einen verlängerten oder sackartigen Sporn. – Die Pflege der oft reichblühenden Pflanzen wird am Block oder in kleinen Gefäßen durchgeführt. Im Winter wird eine mäßige Ruheperiode bei verringerter Feuchtigkeit und Temperatur angedeutet. Die Pflanzen lieben höhere Luftfeuchte und einen hellen, vor starker Sonneneinstrahlung geschützten Standort bei nächtlicher Temperaturabsenkung.

**Stanhopea graveolens**
Das Areal der Gattung *Stanhopea* erstreckt sich von Mexiko bis Peru, Bolivien und Südbrasilien. Die etwa 40 Arten sind vielfach durch Zwischenformen verbunden. Am mittleren Teil der Lippe befinden sich zwei hornartige Auswüchse, wodurch die großen Blüten einen exotischen Eindruck hinterlassen. – *Stanhopea* leben epiphytisch auf Bäumen und wachsen mit ihren Blütenständen nach unten. Deshalb brauchen die Pflanzen ein nach unten offenes Gefäß, am besten ein Holzkörbchen. Während des Wachstums ist im temperierten Pflegeraum auf gleichbleibende Substratfeuchtigkeit zu achten. In der Ruhezeit ist bei mäßiger Temperatur und viel Licht weniger zu gießen.

# Die Züchtung

bzw. in diesen Farben vielfältig gezeichnet.

**Zweigattungshybriden**
***Oncidium x Brassia***

– *Brassidium (Brsdm.)*
Die Pflanze entwickelt große, gelbe bis cremefarbige sternförmige Blüten mit deutlicher Fleckung auf den Tepalen.

***Oncidium x Cochlioda***

– *Oncidioda (Oncda.)*
Die Blüten sind klein bis mittelgroß, orange bis rot, mit dunkler gefleckten Tepalen.

**Dreigattungshybriden**
***Oncidium x Comparetia x Rodriguezia***

– *Warneara (Wnra.)*
Es werden lange, reichblühende Infloreszenzen mit kleinen, zart bis kräftig pastellfarbigen, auf den Tepalen meist gefleckten Blüten ausgebildet.

***Paphiopedilum*-Hybriden**

*Paphiopedilum* Lippewunder 'Luzern'
Moderne *Paphiopedilum*-Hybriden sind groß und haben meist eine runde, geschlossene Form

*Paphiopedilum (Paph.)*
Bei der Züchtung wird folgenden Merkmalen Beachtung geschenkt: Blütengröße und -form, Substanz, glatte oder gewellte Blütenblätter, Farbe bzw. Zeichnung, Stiellänge und -stärke, Wuchsfreudigkeit und Blühwilligkeit. Drei Hauptzuchtrichtungen sind zu unterscheiden:

- große, runde Blüten auf straffen Stielen in reinen Farben bzw. intensiv gezeichnet zur Verwendung als lange haltbare, dekorative Schnittblumen
- offene, den Arten entsprechende Blüten in vielen Farben, auch mit reicher Zeichnung wie Fleckung oder Nervatur der »Fahne«, für Amateure begehrenswert
- Hybriden mit mehrblütigen Infloreszenzen vorwiegend für Spezialsammlungen und als prächtige Schaupflanzen

- *Phalaenopsis (Phal.)*

Bei den Hybriden unterscheidet man zwei Typen,

- große, runde Blüten mit sich überlappenden Tepalen
- sternförmige, meist mittelgroße Blüten

Früher züchtete man fast ausschließlich für die Schnittblumengewinnung Pflanzen mit langen Infloreszenzen und vielen großen Blüten. Heute sind *Phal.*-Hybriden beliebte und dankbare Zimmerpflanzen für relativ warme Wohnräume. Dafür eignen sich Pflanzen mit aufrechten und nicht zu langen Blütenständen. Wichtig für gute Haltbarkeit ist die Substanz der Blüten. Auch auf lange Blütezeit und gute Regenerationsfähigkeit aus ruhenden Knospen wurde bei der Züchtung geachtet. Die Blütenfarbe reicht von weiß bis karminrot und gelb, oft geadert und gepunktet.

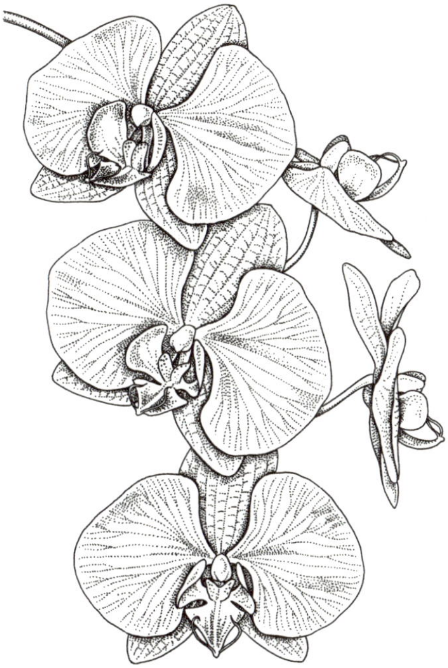

*Phalaenopsis* Bischofswiesen
*Phalaenopsis*-Hybriden blühen reich und lange in Weiß, Gelb, Rosa und Karminrot, oft intensiv gepunktet, gefleckt oder geadert

**Zweigattungshybriden**

***Phalaenopsis x Doritis***

- *Doritaenopsis (Dtps.)*

Pflanzen mit mittelgroßen, substanzreichen, gut geformten und überwiegend kräftig karminroten Blüten an aufrechten Infloreszenzen mit langer Blütezeit.

***Phalaenopsis x Kingidium (Kingiella)***

- *Phaliella (Phlla.)*

Die Pflanzen sind kleinwüchsiger als *Phalaenopsis,* haben kürzere Blütenstände und kleine, vorwiegend rosa gefärbte Blüten.

***Phalaenopsis x Luisia***

- *Luinopsis (Lnps.)*

Die Blüten sind mittelgroß, meist rosa mit substanzreicher, dunkler Lippe.

***Phalaenopsis x Renanthera***

- *Renanthopsis (Rnthps.)*

Die seitlich abstehenden Infloreszen-

# Die Züchtung

**Phalaenopsis x Vanda**

**Vanda-Hybriden**

*Vanda* Richella Blue 'Belle Tew'
Moderne Züchtungen von *Vanda* entwickeln große Blütenstände mit vielen runden Blüten in leuchtenden Farben bei relativ geringer Wuchshöhe

zen tragen zahlreiche, mittelgroße Blüten in orangenroten Tönen und offener Form.

– *Vandaenopsis (Vdnps.)*

Die Pflanzen bringen gut haltbare und große Blüten in hervorragender Qualität, einheitlicher Form und gleichmäßiger Anordnung an den Infloreszenzen hervor.

*Vanda (V.)*

Durch den großen Wuchs älterer *Vanda*-Hybriden wurden früher in den Sammlungen nur wenige Exemplare gepflegt. Besonders die blaue Blütenfarbe von *V. coerulea* und deren Varietät *hennisianum* waren begehrt.

Als Zuchtziel strebte man einen gedrungenen Wuchs und bessere Blühwilligkeit in Mitteleuropa an. Zur Erzielung großer Blüten bezog schon KUPFER um 1920 *Euanthe (Vanda) sanderiana* ein.

Heute sind Eigenschaften wie niedriger Wuchs, viele und große, runde Blüten sowie intensive Farben, aber auch Pastelltöne erreicht.

# Ausgewählte Orchideengattungen und ihre Arten

| Gattung/Art | Kultur | Wuchshöhe | Blütenfarbe | Blütezeit | |
|---|---|---|---|---|---|
| *Aerides odoratam* (Burma bis Philippinen) | V: tw<br>R: gering | hoch | weißlich, rosaviolett überlaufen | Frühjahr/ Frühsommer | ***Aerides*** |
| *Amesiella philippinensis* (Philippinen) | V: tw<br>R: mäßig | niedrig | weiß, L. weiß, Basis gelb | Winter/ Frühjahr | ***Amesiella*** |
| *Angraecum distichum* (West- und Mittelafrika) | V: w<br>R: gering | niedrig | reinweiß, L. reinweiß | Sommer/ Frühherbst | ***Angraecum*** |
| – *sesquipedale* (Madagaskar) | V: w<br>R: gering | mittel | elfenbeinweiß, L. weiß | Winter/ Frühjahr | |
| *Ansellia africana* (Westafrika) | V: wt<br>R: deutlich | mittel | gelblich, braun gefleckt, L. gelb | Sommer/ Herbst | ***Ansellia*** |
| Aspasia *lunata* (Brasilien) | V: t<br>R: mäßig | niedrig | grün, braun gefleckt, L. weiß, violetter Fleck | Sommer/ Herbst | ***Aspasia*** |
| *Barbosella cucullata* (Venezuela bis Peru) | V: t<br>R: gering | niedrig | hellgrün, L. grünlichgelb | Sommer/ Herbst | ***Barbosella*** |
| *Bifrenaria harrisoniae* (Südbrasilien) | V: t<br>R: deutlich | mittel | elfenbein, L. karminbraun, dunkler geadert, im Schlund gelborange | Frühsommer | ***Bifrenaria*** |
| *Bletilla striata* (China, Japan) | V: k<br>R: ausgeprägt | mittel | karminrot, L. rosakarmin | Frühjahr | ***Bletilla*** |
| *Brassavola digbyana* (Südmexiko bis Honduras) | V: tw<br>R: deutlich | mittel | grünlichweiß, L. im Schlund gelbgrün | Frühjahr/ Sommer | ***Brassavola*** |
| – *glauca* (Mexiko bis Honduras) | V: tw<br>R: deutlich | niedrig | grünlich cremeweiß, L. weiß | Frühjahr | *B. digbyana* und *B. glauca* werden oft zur Gattung *Rhyncholaelia* gestellt. |
| – *nodosa* (Mexiko bis Peru) | V: t<br>R: deutlich | niedrig | gelb, L. weiß, Basis karminbraun gepunktet | Sommer/ Herbst | |
| *Brassia caudata* (Karibik, Mexiko bis Panama) | V: tw<br>R: mäßig | mittel | dunkelgelb, rotbraun gefleckt, L. grünlichgelb, rotbraun gefleckt | Sommer | ***Brassia*** |
| – *verrucosa* (Mexiko, Guatemala, Honduras) | V: t<br>R: mäßig | mittel | grünlich, an der Basis dunkelbraun gefleckt, L. weiß, grüne Warzen | Frühjahr/ Frühsommer | |
| *Bulbophyllum careyanum* (Nepal, Burma) | V: tw<br>R: gering | niedrig | gelb, dicht rotbraun gefleckt, L. lilarot | Sommer/ Herbst | ***Bulbophyllum*** |
| – *lobbii* (Burma, Thailand, bis Indonesien) | V: w<br>R: gering | niedrig | gelb, oft rotbraun überlaufen, L. olivgelb | Frühjahr/ Sommer | |

| | Gattung/Art | Kultur | Wuchshöhe | Blütenfarbe | Blütezeit |
|---|---|---|---|---|---|
| ***Calanthe*** | *Calanthe vestita* (Burma bis Südvietnam, Kalimantan und Sulawesi) | V: w<br>R: ausgeprägt | groß | weiß, L. weiß, oft rötlich, Basis rot | Herbst/ Anfang Winter |
| ***Cattleya*** | *Cattleya aclandiae* (Brasilien) | V: wt<br>R: angedeutet | niedrig | grünlich, groß dunkelkarminbraun gefleckt, L. karminrot | Sommer |
| | – *aurantiaca* (Mexiko bis Honduras) | V: wt<br>R: deutlich | mittel | lachsorange, L. oft dunkler gezeichnet | Frühjahr/ Sommer |
| | – *bicolor* (Brasilien) | V: tw<br>R: deutlich | hoch | grün bis olivbraun, L. karminrot mit weißem Rand | Herbst |
| | – *bowringiana* (Honduras, Guatemala) | V: t<br>R: mäßig | groß | dunkelkarmin, L. im Schlund weiß | Herbst |
| | – *dowiana* (Costa Rica) | V: w<br>R: mäßig | mittel | hellgelb, L. purpurkarmin, goldgelb geadert | Sommer/ Frühherbst |
| | – *forbesii* (Südostbrasilien) | V: t<br>R: gering | mittel | gelblichgrün, L. orange, karminrot geadert | Frühsommer bis Herbst |
| | – *guttata* (Brasilien) | V: tw<br>R: deutlich | hoch | gelblichgrün bis oliv, rotbraun gefleckt, L. hellrosa, vorn karmin | Sommer/ Herbst |
| | – *intermedia* (Südostbrasilien) | V: tw<br>R: mäßig | mittel | weißlich bis rosa, L. weiß, vorn purpur | Frühjahr/ Sommer |
| | – *labiata* (Brasilien) | V: wt<br>R: deutlich | mittel | hellkarmin, L. purpur, Schlund hellgelb | Herbst |
| | – *loddigesii* (Südbrasilien) | V: tw<br>R: deutlich | mittel | rosakarmin, L. weißlich bis hellgelb | Herbst/ Winter |
| | – *luteola* (Ekuador bis Bolivien, Ostbrasilien) | V: tw<br>R: deutlich | niedrig | gelb bis gelbgrün, L. gelb, oft mit rotem Fleck | Herbst/ Winter (variabel) |
| | – *maxima* (Kolumbien bis Peru) | V: wt<br>R: deutlich | mittel | rosa bis kräftig karmin, L. rosa, karmin geadert, Mitte gelb | Spätherbst/ Frühjahr |
| | – *mossiae* (Venezuela) | V: wt<br>R: deutlich | mittel | hellrosa, L. hellkarmin, verwaschen dunkel gefleckt | Frühsommer |
| | – *percivaliana* (Venezuela) | V: wt<br>R: deutlich | mittel | rosakarmin, L. im Schlund orange, vorn karminrot | Winter |
| | – *schilleriana* (Brasilien) | V: tw<br>R: mäßig | niedrig | olivgrün, dunkelbraun gefleckt, L. hellkarmin, dunkler geadert, Rand weiß, Basis gelb | Sommer/ Herbst |

| Gattung/Art | Kultur | Wuchshöhe | Blütenfarbe | Blütezeit | |
|---|---|---|---|---|---|
| – *skinneri* (Mexiko bis Costa Rica) | V: tw R: mäßig | mittel | hellviolettrot, L. im Schlund hellgelb | Frühjahr/ Sommer | |
| – *trianaei* (Kolumbien) | V: wt R: ausgeprägt | mittel | hellkarminrosa, L. im Schlund orangegelb geadert, vorn dunkelrot | Winter | |
| – *violacea* (nördliches Südamerika) | V: w R: mäßig | niedrig | violettrosa, L. violettpurpur, Schlund weiß | Sommer | |
| – *warneri* (Südbrasilien) | V: tw R: deutlich | mittel | karminrosa, L. karminrosa, vorn purpur, Schlund orange | Frühjahr/ Sommer | |
| *Chysis bractescens* (Mexiko, Guatemala) | V: wt R: mäßig | mittel | elfenbeinweiß, L. hellgelb | Frühjahr | ***Chysis*** |
| *Cirrhopetalum biflorum* (Thailand bis Sumatra) | V: tw R: mäßig | niedrig | violett punktartig längsgestreift, L. rot | Sommer/ Herbst | ***Cirrhopetalum*** |
| – *medusae* (Thailand bis Borneo) | V: w R: gering | niedrig | weißlich, Basis braun gefleckt, L. gelbbraun | Herbst | |
| *Coelogyne cristata* (Sikkim, Bhutan) | V: kt R: ausgeprägt | niedrig | weiß, L. weiß, Kämmchen gelb | Spätwinter/ Frühjahr | ***Coelogyne*** |
| – *fimbriata* (Südhimalaja bis Thailand) | V: t R: mäßig | niedrig | grünlich, L. gelblichgrün, braun gezeichnet | Sommer/ Herbst | |
| – *flaccida* (Nepal bis Burma) | V: t R: mäßig | mittel | weiß, L. weiß, Schlund gelb, braun gezeichnet | Frühjahr/ Frühsommer | |
| – *massangeana* (Thailand bis Borneo) | V: tw R: mäßig | mittel/ groß | cremegelb, L. braun gezeichnet | Frühsommer (variabel) | |
| – *speciosa* (Sumatra, Borneo, Kleine Sundainseln) | V: wt R: mäßig | mittel | hellolivgelb, L. weißlich, braun gezeichnet | Sommer/ Herbst | |
| *Comparettia falcata* (Karibik, Mexiko bis Bolivien) | V: tw R: gering | niedrig | rosa, L. rosa | Winter | ***Comparettia*** |
| *Cymbidium lowianum* (Burma) | V: k R: mäßig | hoch | grün, L. weißlich, vorn rostrot gezeichnet | Spätwinter/ Frühjahr | ***Cymbidium*** |
| *Dendrobium bigibbum* (trop. Nordaustralien, Torresstraße, Neuguinea) | V: wt R: mäßig | mittel | karminrot, L. karminrot, auch mit weißem Mittelfleck | Herbst/ Winter | ***Dendrobium*** |
| – *chrysotoxum* (Burma bis Südchina) | V: wt R: deutlich | mittel | goldgelb, L. im Zentrum orange | Frühjahr/ Frühsommer | |

| | Gattung/Art | Kultur | Wuchshöhe | Blütenfarbe | Blütezeit |
|---|---|---|---|---|---|
| | – jenkinsii (Südhimalaja bis Vietnam) | V: wt R: deutlich | niedrig | goldgelb, L. orange-gelb, Rand heller | Frühjahr |
| | – *kingianum* (Südostaustralien) | V: k R: deutlich | niedrig | rosakarmin, L. dunkler gefleckt | Frühjahr |
| | – *loddigesii* (Südchina) | V: tw R: mäßig | niedrig | hellrosakarmin, L. mit gelbem Schlundfleck | Frühjahr |
| | – *nobile* (Nepal, Laos, Südchina, Taiwan) | V: wt R: deutlich | mittel | rosakarmin, L. mit rot-braunem Schlundfleck | Frühjahr |
| | – *parishii* (Burma bis Vietnam) | V: t R: deutlich | niedrig | karminrosa, L. mit zwei dunkelroten Flecken | Frühsommer |
| | – *phalaenopsis* (Nordostaustralien, Torresstraße) | V: w R: mäßig | mittel | karminrot, L. dunkel-karminrot | Herbst/ Winter |
| | – *primulinum* (Nepal bis Vietnam) | V: wt R: deutlich | niedrig | hellrosakarmin, L. cre-megelb, Basis geadert | Frühjahr |
| | – *thyrsiflorum* (Burma, Nordthailand) | V: wt R: deutlich | mittel | elfenbeinweiß, L. goldgelb | Frühjahr |
| ***Dendrochilum*** | *Dendrochilum glumaceum* (Philippinen) | V: tw R: mäßig | mittel | weiß, L. olivgelb | Frühjahr |
| ***Dinema*** | *Dinema polybulbon* (Mexiko bis Honduras) | V: t R: gering | niedrig | gelb bis olivbraun, L. weiß | Winter/ Frühjahr |
| ***Doritis*** | *Doritis pulcherrima* (Burma bis Vietnam und Sumatra) | V: wt R: gering | mittel | karminrot, L. karmin-rot mit weiß | Spätsommer/ Herbst |
| ***Dracula*** | *Dracula bella* (Kolumbien) | V: kt R: gering | niedrig | gelb, dicht braun gezeichnet, L. weiß | Frühjahr/ Sommer |
| ***Encyclia*** | *Encyclia alata* (Mexiko bis Costa Rica) | V: tw R: deutlich | mittel | gelbgrün-oliv, L. weiß, vorn gelb mit rot | Sommer/ Herbst |
| | – *citrina* (Mexiko) | V: t R: deutlich | mittel | zitronengelb, L. hell-orangegelb | Frühjahr |
| | – *cochleata* (Karibik, Mexiko, Kolumbien, Venezuela) | V: t R: mäßig | mittel | grün, L. violettbraun mit gelbgrün | Sommer (variabel) |
| | – *fragrans* (tropisches und sub-tropisches Amerika) | V: t R: mäßig bis deutlich | mittel | gelblichweiß, L. weiß-lich, karminrot längs-gestreift | Frühjahr/ Sommer |
| | – *mariae* (Mexiko) | V: tw R: deutlich | niedrig | gelbgrün, L. weiß, Schlund grünlichgelb | Frühsommer |

| Gattung/Art | Kultur | Wuchshöhe | Blütenfarbe | Blütezeit | |
|---|---|---|---|---|---|
| – *vitellina*<br>(Mexiko, Guatemala) | V: kt<br>R: ausgeprägt | niedrig | lachsrot, L. orangegelb | Sommer/<br>Herbst | |
| *Epidendrum ciliare*<br>(Mexiko bis Peru) | V: t<br>R: mäßig | mittel | lindgrün, L. weiß | Herbst/<br>Winter | ***Epidendrum*** |
| – *ibaguense*<br>(Südamerika) | V: t<br>R: gering | hoch | orange oder karmin,<br>L. orange bis gelb | Frühsommer/<br>Frühherbst | |
| – *stamfordianum*<br>(Mexiko bis Venezuela) | V: tw<br>R: deutlich | mittel | gelb, karminbraun<br>gefleckt, L. gelblich<br>bis weiß | Frühsommer/<br>Frühherbst | |
| *Eria javanica*<br>(Burma bis Neuguinea) | V: tw<br>R: mäßig | mittel | blaßgelb,<br>L. gelblich | Frühjahr/<br>Frühsommer | ***Eria*** |
| *Gomesa crispa*<br>(Brasilien) | V: t<br>R: gering | niedrig | grünlich,<br>L. grünlichgelb | Sommer/<br>Frühherbst | ***Gomesa*** |
| *Gongora galeata*<br>(Mexiko) | V: t<br>R: mäßig | mittel | rötlichbraun,<br>L. gelb bis rot | Sommer/<br>Herbst | ***Gongora*** |
| *Ionopsis paniculata*<br>(Südbrasilien) | V: t<br>R: mäßig | niedrig | weißlich, L. weiß,<br>violett geadert | Frühjahr/<br>bis Herbst | ***Ionopsis*** |
| *Isabelia virginalis*<br>(Südbrasilien) | V: t<br>R: mäßig | niedrig | hellrosa, L. rosa | Winter/<br>Frühjahr | ***Isabelia*** |
| *Isochilus linearis*<br>(Karibik, Mexiko<br>bis Südbrasilien) | V: t<br>R: gering | mittel | karminrosa, auch weiß<br>oder gelb, L. hellpurpur | Sommer/<br>Herbst | ***Isochilus*** |
| *Laelia anceps*<br>(Mexiko, Honduras) | V: t<br>R: mäßig | mittel | karminrosa, L. dunkler,<br>Schlund purpur<br>geadert | Winter/<br>Frühjahr | ***Laelia*** |
| – *harpophylla*<br>(Brasilien) | V: t<br>R: mäßig | mittel | zinnober- bis lachsrot,<br>L. gelblich | Frühsommer | |
| – *pumila*<br>(Südostbrasilien) | V: t<br>R: mäßig | niedrig | karmin, L. dunkelpur-<br>pur, vorn hell,<br>Schlund weiß | Herbst | |
| – *purpurata*<br>(Brasilien) | V: t<br>R: mäßig | groß | hellkarmin, L. purpur-<br>rot, Schlund hellgelb,<br>purpur längsgeadert | Frühjahr/<br>Frühsommer | |
| – *rubescens*<br>(Mexiko bis Costa Rica) | V: t<br>R: deutlich | niedrig | rosa, L. rosa, Schlund<br>schwarzpurpur | Spätwinter/<br>Frühjahr | |
| *Lemboglossum*<br>*bictoniense*<br>(Mexiko bis El Salvador) | V: k<br>R. mäßig | mittel | gelbgrün, braun<br>gefleckt, L. rosa | Frühjahr/<br>Frühsommer | ***Lemboglossum*** |

| | Gattung/Art | Kultur | Wuchshöhe | Blütenfarbe | Blütezeit |
|---|---|---|---|---|---|
| | – *rossii* (Mexiko, Guatemala, Nicaragua) | V: kt R: mäßig | mittel | weiß, an der Basis rotbraun gefleckt, L. weiß bis hellrosa | Winter/ Frühjahr |
| ***Leptotes*** | *Leptotes bicolor* (Südbrasilien, Paraguay) | V: t R: mäßig | niedrig | weiß, L. karminrot, Spitze weiß | Frühjahr (Sommer) |
| ***Lockhartia*** | *Lockhartia oerstedii* (Mexiko bis Panama) | V: t R: gering | mittel | hellgelb, L. gelb, Basis rotbraun gezeichnet | Sommer |
| ***Lycaste*** | *Lycaste aromatica* (Mexiko, Nicaragua) | V: t R:. deutlich | mittel | gelbgrün, L. gelb, orange gefleckt | Frühsommer |
| | – *skinneri* (Costa Rica bis Peru und Bolivien) | V: tk R: deutlich | mittel | hellrosa, L. rosa, dunkelpurpur gefleckt | Herbst bis Frühjahr |
| ***Masdevallia*** | *Masdevallia coccinea* (Kolumbien, Peru) | V: kt R: gering | niedrig | violettrot, auch gelb weiß oder rot, L. heller | Frühsommer/ Sommer |
| | – *rolfeana* (Costa Rica) | V: kt R: gering | niedrig | purpurrot, innen gelb, L. rosarot gezeichnet | Sommer |
| ***Maxillaria*** | *Maxillaria picta* (Brasilien) | V: t R: mäßig | mittel | gelb, außen rotbraun gefleckt, L. weiß | Herbst |
| | – *sophronitis* (Venezuela) | V: w R: mäßig | niedrig | orangerot, L. orange-rot, Rand cremegelb | variabel |
| | – *tenuifolia* (Mexiko, Costa Rica) | V: t R: mäßig | mittel | gelbgrün bis rotbraun, L. weiß, braun gefleckt | Sommer |
| | – *variabilis* (Mexiko bis Panama) | V: t R: mäßig | niedrig | braun, stark variierend, L. rotbraun | fast ganzjährig |
| ***Meiracyllium*** | *Meiracyllium trinasutum* (Mexiko bis El Salvador) | V: tw R: mäßig | niedrig | karminrot, L. karminrot, dunkler gefleckt | Sommer/ Herbst |
| ***Miltonia*** | *Miltonia spectabilis* (Venezuela, Brasilien) | V: t R: mäßig | mittel | grünlichweiß, L. weiß, Basis karminrot | Sommer/ Herbst |
| ***Mormolyca*** | *Mormolyca ringens* (Mexiko bis Costa Rica) | V: t R: deutlich | mittel | gelborange, dunkler geadert, L. braunviolett | Frühjahr/ Sommer |
| ***Nageliella*** | *Nageliella purpurea* (Mexiko bis Honduras) | V: t R: mäßig | niedrig | rosakarmin, L. rosa | Frühjahr/ Sommer |
| ***Octomeria*** | *Octomeria grandiflora* (Venezuela bis Bolivien) | V: t R: gering | niedrig | cremegelb, L. gelb mit rot | Sommer/ Herbst |
| ***Odontoglossum*** | *Odontoglossum crispum* (Kolumbien) | V: k R: gering | mittel | weiß, braune Flecken, L. wenig gefleckt | Winter/ Frühjahr |

| Gattung/Art | Kultur | Wuchshöhe | Blütenfarbe | Blütezeit | |
|---|---|---|---|---|---|
| *Oncidium concolor* (Südostbrasilien) | V: t<br>R: mäßig | niedrig | grünlichgelb, L. zitronengelb | Frühjahr/ Sommer | ***Oncidium*** |
| – *flexuosum* (Brasilien, Paraguay, Argentinien) | V: t<br>R: mäßig | mittel | gelb, braun gebändert, L. goldgelb, rotbraun bis orange gezeichnet | Frühsommer bis Herbst | |
| – *forbesii* (Brasilien) | V: t<br>R: mäßig | mittel | kastanienbraun, goldgelb gezeichnet, L. rotbraun, gelb gezeichnet | Sommer/ Herbst | |
| – *ornithorhynchum* (Mexiko bis Costa Rica) | V: tk<br>R: mäßig | mittel | rosa, L. rosa, Schwiele gelb | Sommer/ Herbst | |
| – *pumilum* (Südbrasilien, Paraguay) | V: t<br>R: mäßig | niedrig | gelb, braun gefleckt, L. gelb | Frühsommer bis Herbst | |
| – *splendidum* (Guatemala) | V: tw<br>R: deutlich | mittel | grünlichgelb, rotbraun gefleckt, L. gelb | Winter | |
| *Ornithophora radicans* (Brasilien) | V: tw<br>R: mäßig | niedrig | weiß bis cremegelb, L. weiß | Sommer/ Herbst | ***Ornithophora*** |
| *Pabstia jugosa* (Brasilien) | V: tw<br>R: mäßig | mittel | cremeweiß bis grünlichweiß, rot gepunktet, L. weiß, rosa gepunktet | Sommer | ***Pabstia*** |
| *Palumbina candida* (Mexiko, Guatemala) | V: tk<br>R: mäßig | niedrig | weiß, L. weißlich, Kallus gelb | Frühjahr | ***Palumbina*** |
| *Paphiopedilum argus* (Philippinen) | V: t<br>R: gering | mittel | F. weiß, grün längsgestreift, i. B. weiß, grün geadert, schwarzkarmin gefleckt, L. braunoliv | Frühjahr | ***Paphiopedilum*** |
| – *bellatulum* (Assam bis Thailand) | V: wt<br>R: mäßig | niedrig | F. weiß, karminrot gefleckt, i. B. weiß, karminrot gefleckt, L. weiß, karmin gepunktet | Sommer/ Herbst | |
| – *callosum* (Thailand bis Vietnam) | V: w<br>R: mäßig | mittel | F. weiß,karminrot geadert, Basis grün geadert, i. B. grün, vorn rot, Rand mit dunklen Warzen, L. violettbraun | Frühjahr/ Sommer | |
| – *delenatii* (Assam, Thailand, Vietnam) | V: w<br>R: gering | mittel | F. weiß, i. B. weiß, rosa überhaucht, L. weißlich, rosa überhaucht | Frühjahr | |
| – *fairieanum* (Himalaja von Assam bis Sikkim und Südtibet) | V: tk<br>R: gering | mittel | F. weiß, karminrot geadert, i. B. grünlich weiß, karminbraun geadert, L. bernstein | Herbst | |

| | Gattung/Art | Kultur | Wuchshöhe | Blütenfarbe | Blütezeit |
|---|---|---|---|---|---|
| | – *hennisianum* (Philippinen) | V: w<br>R: gering | mittel | F. weiß, grünbraun geadert, i. B. grünlichweiß und grün geadert, Rand warzig, L. olivbraun | Frühjahr/ Frühsommer |
| | – *hirsutissimum* (Assam bis Thailand) | V: tw<br>R: mäßig | mittel | F. hellgrün, Mitte braun gepunktet, i. B. grün, braun gepunktet, vorn karmin, L. olivbraun | Frühjahr/ Frühsommer |
| | – *insigne* (Himalaja, 1200 bis 2000 m hoch) | V: k<br>R: gering | mittel | F. gelbgrün, braun gefleckt, i. B. olivbraun, L. bernstein | Spätherbst/ Winter |
| | – *parishii* (Burma bis Thailand) | V: tw<br>R: mäßig | mittel | F. grüngelb, karminbraun geadert, i. B. gelbgrün, Spitze rotbraun, Warzen violettbraun, L. gelbgrün | Frühjahr/ Sommer |
| | – *spicerianum* (Assam, Burma) | V: tk<br>R: gering | mittel | F. weiß, Basis olivgrün, Mittelnerv violettbraun, i. B. grünoliv, L. grünoliv | Herbst |
| | – *sukhakulii* (Thailand) | V: wt<br>R: gering | mittel | F. weiß, grün längsgeadert, i. B. grünlich, dunkelbraun gepunktet, L. dunkelbernstein | Frühjahr/ Sommer |
| | – *venustum* (Himalaja) | V: t<br>R: gering | mittel | F. weiß, grün längsgestreift, i. B. grünlich, Spitze rot, dunkel gefleckt, L. bernstein, dunkel geadert | Herbst/ Winter |
| | – *villosum* (Assam bis Vietnam) | V: k<br>R: gering | mittel | F. gelblichbraun, Rand grünlich, i. B. braunoliv, L. gelblichbraun, Blüte stark glänzend | Winter/ Frühjahr |
| ***Phaius*** | *Phaius tankervilleae* (Indien bis Ostaustralien, in vielen Tropenländern eingebürgert) | V: tw<br>R: mäßig | groß | orangenbraun, außen cremerosa, L. dunkelpurpur mit hellem Rand | Frühjahr/ variabel |
| ***Phalaenopsis*** | *Phalaenopsis amabilis* (Malaysia bis Neuguinea und Nordaustralien) | V: w<br>R: gering | mittel | weiß, L. weiß mit gelbem Anflug, karminrote Streifen an der Basis | Herbst bis Frühsommer |
| | – *equestris* (Philippinen bis Taiwan) | V: w<br>R: gering | klein | hellkarmin, L. dunkler mit heller Spitze | Frühjahr bis Winter |
| | – *schilleriana* (Philippinen) | V: w<br>R: gering | mittel | rosa, Basis dunkler gefleckt, L. rosa | Winter/ Frühjahr |

| Gattung/Art | Kultur | Wuchshöhe | Blütenfarbe | Blütezeit | |
|---|---|---|---|---|---|
| – *stuartiana* (Philippinen) | V: w<br>R: gering | mittel | weiß, Basis purpurbraun gefleckt, L. weißlich | Winter/ Frühjahr | |
| *Pholidota pallida* (Südhimalaja bis Ostaustralien) | V: tw<br>R: mäßig | mittel | weißlich, L. gelblich | Sommer | ***Pholidota*** |
| *Phragmipedium longifolium* (Costa Rica bis Ekuador) | V: t<br>R: gering | groß | F. grünlichweiß, sepia geadert, i. B. lindgrün, Rand karmin, L. grünoliv | Frühjahr bis Herbst | ***Phragmipedium*** |
| *Pleurothallis grobyi* (tropisches Amerika) | V: t<br>R: gering | niedrig | blaßgrünlich, rotbraun genervt, L. hellorange | Sommer/ Herbst | ***Pleurothallis*** |
| *Polystachya pubescens* (Südafrika) | V: t<br>R: mäßig | niedrig | goldgelb, teilweise braun längsgestreift L.rotbraun, hell behaart | Sommer/ variabel | ***Polystachya*** |
| *Promenaea xanthina* (Südostbrasilien) | V: tk<br>R: gering | niedrig | zitronengelb, L. gelb, Schlund rot gezeichnet | Frühjahr/ Sommer | ***Promenaea*** |
| *Psychopsis kramerianum* (Costa Rica, Panama, Kolumbien, Ekuador, Peru) | V: w<br>R: mäßig | mittel | orangengelb bis -braun, L. dunkelcremegelb, Rand hellorangenbraun | variabel | ***Psychopsis*** |
| – *papilio* (Kolumbien, Ekuador, Peru, Venezuela,Trinidad) | V: w<br>R: mäßig | mittel | gelb, rotbraun gezeichnet, L. gelb, Basis und Rand rotbraun | variabel | |
| *Renanthera imschootiana* (Ostindien bis Vietnam) | V: tw<br>R: mäßig | hoch | rotgelb, rot gefleckt, L. rot, gelbe Schwiele | Sommer | ***Renanthera*** |
| *Restrepia antennifera* (Venezuela bis Ekuador) | V: t<br>R: gering | niedrig | hellgelbbraun, L. bräunlich | Frühjahr (variabel) | ***Restrepia*** |
| *Rhynchostylis coelestis* (Thailand) | V: wt<br>R: mäßig | mittel | weiß, Spitze bläulichkarmin, L. weiß, Spitze bläulich | Sommer/ Herbst | ***Rhynchostylis*** |
| *Rodriguezia decora* (Südbrasilien) | V: t<br>R. mäßig | niedrig | weiß, dunkelkarminrot gefleckt, L. weiß | Herbst | ***Rodriguezia*** |
| – *venusta* (Brasilien) | V: tw<br>R: gering | niedrig | weiß, L. weiß, Kallus goldgelb | Herbst | |
| *Rossioglossum grande* (Mexiko, Guatemala, bis 2700 m Höhe) | V: k<br>R: deutlich | mittel | gelb, braun quergebändert, L. weißlich, rotbraun gezeichnet | Herbst/ Anfang Winter | ***Rossioglossum*** |
| *Sophronitella violacea* (Südostbrasilien) | V: tk<br>R: gering | niedrig | violettkarmin, L. violettkarmin, Kallus weißlich | Herbst bis Frühjahr | ***Sophronitella*** |

| | Gattung/Art | Kultur | Wuchshöhe | Blütenfarbe | Blütezeit |
|---|---|---|---|---|---|
| ***Sophronitis*** | *Sophronitis cernua* (Ostbrasilien) | V: t<br>R: mäßig | niedrig | mennige-/zinnoberrot, L. orangengelb | Herbst |
| | – *coccinea* (Ostbrasilien) | V: tk<br>R: mäßig | niedrig | lachs-/scharlachrot, L. Basis gelblich | Herbst/ Winter |
| ***Spathoglottis*** | *Spathoglottis plicata* (Burma bis Philippinen und Hawaii) | V: tw<br>R: deutlich | mittel | karmin, L. dunkel-karminrot | Frühjahr/ Frühsommer |
| ***Stanhopea*** | *Stanhopea oculata* (Mexiko, Belize, Guatemala, Honduras) | V: t<br>R: deutlich | groß | gelblichweiß, karminrot gefleckt, L. gelblich dunkelpurpur gepunktet | Sommer/ Herbst |
| | – *tigrina* (Mexiko) | V: t<br>R: deutlich | groß | cremegelb, karmin-braun gezeichnet, L. gefleckt | Sommer/ Herbst |
| ***Trichocentrum*** | *Trichocentrum tigrinum* (Mittelamerika, Ekuador) | V: tw<br>R: mäßig | niedrig | grünlich, purpurbraun marmoriert, L. weiß | Sommer/ Herbst |
| ***Trichopilia*** | *Trichopilia tortilis* (Mexiko, Guatemala, El Salvador, Honduras) | V: t<br>R: mäßig | mittel | rotbraun, Rand grünlich, L. cremeweiß, Schlund rotbraun gefleckt | Winter/ Frühjahr |
| ***Vanda*** | *Vanda coerulea* (Himalaja, Burma, Thailand) | V: w<br>R: mäßig | hoch | hellblau, dunkler geadert, L. blauviolett, Seitenlappen weißlich | Sommer/ Herbst |
| | – *tricolor* (Java bis Australien) | V: tw<br>R: mäßig | hoch | gelb, braun gefleckt, L. weiß, Basis purpur | Frühjahr |
| | – – var. *suavis* (Java) | V: tw<br>R: mäßig | hoch | weiß, violettpurpur gefleckt, L. purpurrosa | |
| ***Zygopetalon*** | *Zygopetalon crinitum* (Ostbrasilien) | V: t<br>R: mäßig | mittel | gelblichgrün, purpur-braun gefleckt, L. weiß, blaupurpur geadert | Spätherbst |

V: Vegetationszeit
R: Ruhezeit
F: Fahne
i. B.: innere Blütenblätter
L: Lippe
(siehe auch Seite 73)

# Literaturverzeichnis
# Bildnachweis

**Bücher**

BECHTEL/CRIBB/LAUNERT: Orchideenatlas. Stuttgart 1985
BIRK: Crowing Cymbidium Orchids at Home. Santa Barbare (USA) 1976
FAST: Orchideenkultur. Stuttgart 1980
HAWKES: Orchids. New York and Evanston, 1961
HOPP-NOACK: Blütenzauber der Orchideen. Berlin 1978
MEYER/BEYER: Orchideen, Dietikon 1966
PAPE: Krankheiten und Schädlinge der Zierpflanzen und ihre Bekämpfung. Berlin und Hamburg 1964
PINSKE: Orchideen für zu Hause. München 1987
RICHTER: ... die schönsten aber sind Orchideen. Radebeul 1962
RÖTH: Orchideen, 2. Auflage. Berlin 1983
RÖTH/VAHSHOLZ: Orchideen und andere Exoten. Leipzig, Radebeul 1985
RÜNGER: Licht und Temperatur im Zierpflanzenbau. Berlin und Hamburg 1964
RYSY: Orchideen. München 1978
SCHLECHTER: Die Orchideen. Berlin 1927
SCHLECHTER: Die Orchideen, 3. Auflage (Neubearbeitung). Berlin ab 1978
SCHOSER: Pflanzenkultur. Berlin–München 1966
SWEET: The Genus Phalaenopsis. USA 1980
WITHNER: The Orchids. New York 1959

**Zeitschriften**

American Orchid Society Bulletin. Cambridge USA ab 1960
»Die Orchidee« – Zeitschrift der Deutschen Orchideengesellschaft ab 1950
The Orchid Digest. Kalifornia ab 1971
The Orchid Review, The Orchid Review Limited. England
Zentraler Fachausschuß Orchideen im Kulturbund der DDR: Orchideen, Arbeitsmaterial in Lieferungen ab 1970

**Fotos**

Otfried Birnbaum, Halle: Einbandfoto (rechts)
Paul Mattes, Wien: S. 17, 35
Eberhard Morell, Dreieich: Einbandfotos (links und Mitte) S. 18, 125 (unten links), 143 (Mitte rechts)
Hans Reinhard, Heiligkreuzsteinach: S. 36,72, 89
Sebastian seidl, München: S. 53, 54, 90
Alle weiteren Fotos stammen vom Autor

**Zeichnungen**

Die Zeichnungen fertigte Ernst Halwaß größtenteils nach Vorlagen von Hans Preuße an

# Register